벌거벗은 패션사

벌거벗은 패션사
스타일, 유행의 역사부터 패션 산업의 민낯까지

초판 1쇄 발행 2023년 10월 15일
초판 2쇄 발행 2024년 5월 10일

지은이 프레데리크 고다르, 조에 투롱
그린이 조에 투롱
옮긴이 이진희

펴낸이 김연희

펴 낸 곳 그림씨
출판등록 2016년 10월 25일(제406-251002016000136호)
주 소 경기도 파주시 광인사길 217(파주출판도시)
전 화 (031)955-7525
팩 스 (031)955-7469
이 메 일 grimmsi@hanmail.net

ISBN 979-11-89231-52-1 03590

벌거벗은 패션사

스타일, 유행의 역사부터 패션 산업의 민낯까지

프레데리크 고다르, 조에 투롱 지음
조에 투롱 그림
이진희 옮김

그림씨

“ 저는 세상을 바꾸려고 노력할 뿐입니다.
한 번에 한 개의 스팽글 만큼씩요. ”

- 레이디 가가

폐하, 이 드레스는 분명 마음에 쏙 드실 거예요.
새 코르셋도 입혀 드리겠습니다.
나의 충신, 로즈라면 안목을 믿을 수 있지.
항상 최고니까.
너를 나의 전담 디자이너로 임명하느니라!
로즈, 넌 충분히 자격이 있어!
맙소사!

넌 누구냐! 여기서 뭘 하고 있는 거지?
궁전에는 어떻게 들어온 거야?
음… 전 패션과 유행에 대해 책을 쓰고 있는데, 폐하의 패션을 관찰하려면 이곳에 와야 한다고 하더라고요.
실은 제가 패션에 푹 빠져 살 만큼 패션을 사랑하거든요. 섬세한 장식, 컬러 조합, 패턴…. 심지어 단추 다는 법도 안답니다.
엄마가 옷을 만들어 주시곤 했거든요. 엄마는 스타일리스트였어요. 그래서 저는 실뭉치를 가지고 놀기도 했고, 바늘꽂이에 바늘을 꽂거나, 옷본 을 잘라 샘플을 만들며 놀았지요.
샘플, 그러니까 프로토타입이 뭔지는 아시죠?
중세 시대에는 있었으려나?
농담이에요. 물론 프랑스 혁명 전에도, 폐하의 남편께서 처형당하기 전에도 있었지요.
아니, 조에!!
꽝
패션에 대해 책을 쓰라 했더니, 마리 앙투아네트와 로즈 베르탱 에 대해 쓸 생각이야?

* 옷을 지을 때 본보기로 오려 만든 종이.

** 마리 앙투아네트 전담 디자이너.

이분들이 프랑스 역사에서 중요한
인물이기는 하지만
패션을 탄생시키진 않았다고!
우리가 할 일은 패션에 대해 설명하는 거지
으스대는 게 아니잖아.
훌륭한 사회학자는 정직하고
공정하고 신중해야지.
그리고 항상 이론에서부터
접근해야 해.
패션은 아주 진지한 주제라고!
이론? 물론 독자들에게 이론을 설명해야겠지요.
하지만 패션 아이템이나 스타일에 대한 재미있는
이야기도 빠져서는 안 돼요. 그래야 책이
팔리지요!
그럼 이론과 재미,
두 마리 토끼를 다 잡자!
패션처럼
말이지.
패션은 역설로 가득한 세계야.
미적 창조를 추구하는 예술인 동시에
이윤을 창출하는 산업이지.
또한 패션은 많은 문제를 일으키기도 해.
그래서 패션이 좋다가도 좋지 않을 때가 있어.
환경오염, 방글라데시 의류 노동자들의 열악한
노동 조건, 사치 풍조, 여성 성적 대상화 등등 ….
옷 쓰레기는
또 얼마나
많이 나오는지
몰라요!

때론 패션이 여성을 성적 대상화하는 것은 사실이지만 자신을 드러내는 데 패션을 이용하기도 하지. 프랑스 귀족들에게 내 패션으로 존재를 드러낸 것처럼!
보아하니 너는 귀족의 푸른 피 가 흐르지 않는구나. 이만 물러거라!
어머, 아니에요! 제가 파란색 줄무늬를 얼마나 좋아하는데요!
이제 알겠지? 패션은 단점만 있는 게 아니라
장점도 있다는 것.
철컥
자, 이제 우리가 할 일을 말해줄게.
이리 와봐.
우리는 사회학자니까 가능한 한 패션의 모든 측면을 분석하고 정의를 내려야 해.
우선 유행의 기원부터 살펴보자. 그 후엔 스타일이라는 걸 어떻게 만드는지 살펴보고,
그 다음엔 패션 유통, 잡지, 디자이너. 그리고 패션이 직면한 문제 등을 짚어 볼거야.
다 쓰면 열 몇 권은 되겠는걸. 잘 팔리겠지!
아악, 살려 주세요….
자, 패션에 대해 아름다운 탐험을 시작하자!
조에, 일하러 갈 시간이야!

* 옛 서고트 왕국 귀족의 후손들이 피부가 창백해 푸른 정맥이 도드라져 보여 푸른 피가 귀족을 상징하게 되었다.

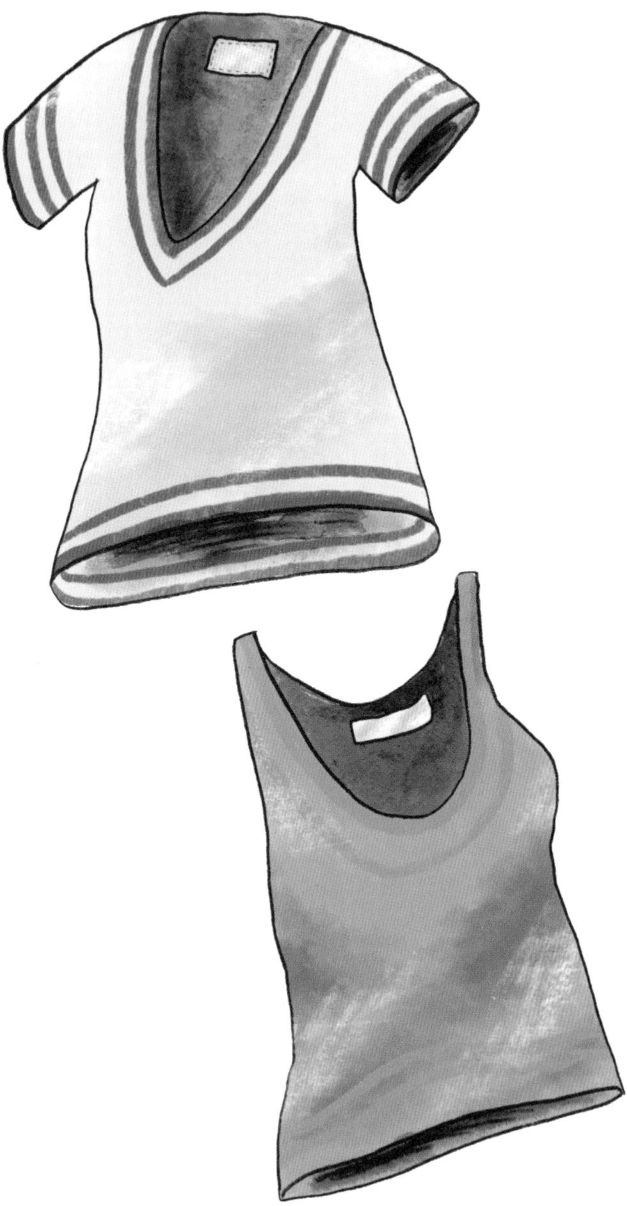

파리 생활은 베르사유와 너무 다른 걸? 흠….
자료를 두려면 침대는 저쪽으로 밀어야겠군.
자 이제, 본격적으로 써 볼까?
패션의 첫 단계, 그러니까 옷부터 시작해야겠어.
맞아. 매일 아침, 우리는 사회라는 무대에 오르기 전에 먼저 옷부터 입으니까.
심지어 하루에 몇 번씩 갈아입잖아요!
I ♥ PARIS
사람들은 패션을 통해 정체성을 표현하거나, 사회적 지위나 역할을 드러내지.
뭘 입을지 결정하는 건 개인의 영역이지만 사회적 행위이기도 해. '자신을 드러내는' 행위니까 말이야. 남에게 보이는 '파사드'를 꾸며내고 평가받지.
그중 핵심은 바로 옷이고!

이건 사실 사회학자 어빙 고프먼이 언급한 내용이기도 해.
'파사드'는 자아가 녹아있는 외형적 특성을 뜻합니다.
옷, 성별, 나이, 인종적 특징, 신체 사이즈, 얼굴 생김새, 자세, 말투, 표정, 몸짓 등을 말하죠!
우리는 옷을 고를 때 개인의 영역(진짜 우리의 모습),
?
?
사회적 영역(유행하는 것) 사이에서 고민하지.
빨간색이 요즘 유행인가?
줄무늬 두께는 어느 정도가 예쁘려나?
물론 개인의 취향도 사회적이기는 해. 대체로 취향은 부모님이나 주변의 영향을 받으니까 말이야.
내 옷장에는 선택지가 없는걸!
옷장에 온통 줄무늬뿐이니까!
그런데 '취향이 유행을 따른다'는 건 쉽게 이해할 수 없지.
중학생 땐 분명 예뻤는데?

유명인들을 살펴보면 사회적 영역과 개인의 영역을 구분하기 한결 쉬울 거야.
자, 조앤 롤링을 봐.
해리포터 작가인 그녀가 공식 행사에 참여할 때의 모습이야. 어때, 멋지지?
하지만 평소에는 수수한 차림으로 다니지.
옷은 스타일을 빼고 논할 순 없어.
나를 표현할 수 있는 옷을 입을까?
아니면 '나다움'을 잃더라도 새로운 변화를 시도해 볼까?
나다운 옷….
스타일 Vs 유행
'유행'은 '스타일'에 영향을 받지. 일종의 안티테제랄까.
그렇다면 '스타일'이란 뭘까?
그리고 유행을 이해하려면 무엇이 유행이 아닌지를 알아보는 게 좋을 거야.
18세기 초의 댄디룩을 살펴볼까? 유행을 거스르는 스타일이 뭔지 한눈에 알 수 있을 거야.
그거 뽐내고 과시하는 스타일? 맞죠?

'댄디'라는 말의 어원은 정확히 밝혀진 바 없지만 조지 브라이언 보 브루멜 이 지금 우리가 아는 댄디즘의 창시자로 알려져 있어.

그는 귀족은 아니었지만 명문 학교인 이튼스쿨과 옥스퍼드 대학에서 공부했어. 이후 콘웰 왕자와 친구가 되어 화이트 클럽과 같은 귀족 전용 사교클럽의 회원이 되었지.

친구, 토요일에 화이트 클럽에 한 번 들르게나. 음악에 대해 논해볼까 하네.
후후후
음...
사교의 신, 이 몸이 기꺼이 납셔드리지.

화이트 클럽은 여성의 출입을 제한하는 남성 전용 클럽이야. 브루멜이 살던 그 시기에는 노골적인 성차별이 만연했다는 사실을 알 수 있지.

영국 총리 데이비드 캐머런은 2008년에 여성 회원을 받지 않는 화이트 클럽을 탈퇴했어.
창피한 줄 알아야지!

브루멜은 심플한 디자인의 어두운 색 옷을 입었는데, 특히 디테일에 신경 썼어. 현대 남성복의 선구자 중 한 명이지.

멋드러진 검은 재킷에 이 스티치 디테일! 예술이지?
가히 패션의 미래라고 할 만하군!

* 영국에서 태어나 프랑스에서 사망했다. 그의 이름 가운데 쓰인 '보Beau'는 프랑스어로 '잘생긴 사람', '멋쟁이'를 뜻하는 단어로, 사람들은 그를 '보'라는 애칭으로 불렀다.

이러한 점에서 브루멜은 스타일 혁명을 일으켰다고 할 수 있어.
패션에 진심인 나 같은 사람이 패션을 이끌어야 해.
그의 스타일은 당시 유행이었던 화려한 색채의 남성복과는 거리가 멀었거든.
알록달록하고 우스꽝스러운 저 패션은 뭐람? 조잡하기는!
그리고 형형색색을 자랑하는 프랑스·이탈리아의 남성복을 즐겨 입는 영국의 젊은 신사들을 '마카로니들'이라고 얕잡아 불렀지.
아, 내가 사랑하는 장신구들.
화려한 색깔, 이국적인 소재~
그 뿐인가? 리본이야말로 내 삶의 이유지.
또, '우아하면서도 세련된' 댄디즘은 영국의 산업혁명 이후 물질적 풍요와 함께 신분제가 와해되면서 부상하게 된 신흥 부르주아들과 구분 짓기 위해 만들어 낸 거라는 걸 알아야 해.
우린 어둡고 악마 소굴 같은 공장따위에는 관심 없다네.

브루멜은 자신의 구두를 샴페인으로 직접 닦기도 했는데,
음, 향기롭군.
그렇게 해서 부유함(중산층 출신이라 실제로는 부유하지 않았지만)을 뽐내는 동시에 당시 적국인 프랑스에 대한 경계심을 표현하려 한 거야.
자, 나폴레옹. 네놈의 귀한 와인을 어떻게 하는지 잘 보시지!
브루멜이 남성복을 지나치게 형식화했다고 비난하는 사람도 있어. 그가 아니었다면, 남성복이 더 다양하게 변했을 수도 있으니까.
맞아요! 이 화려하고 아름다운 마카로니 패션을 구박하다니….
브루멜이 깔본 마카로니 패션을 되살립시다!
브루멜의 말년은 '패션'과 '권력'의 관계를 상징적으로 보여 주지. 그는 훗날 왕위에 오른 왕세자 조지 4세와 친분을 쌓으며 영향력을 행사했는데,
1811년 섭정이 시작된 이후 그의 영향력은 차츰 사그라들었어.

더 이상 자신의 지위만으로는 영향력을 행사할 수 없었지. 그런데 브루멜은 자신의 영향력이 왕실과의 친분에서 비롯되었다는 사실을 망각한 채 조지 4세를 공개적으로 모욕하기까지 했어.

왕세자 저하는 대영국의 위대함에 비하면 너무 후줄근하고 꾀죄죄한….
어머!
이런!
세상에!

또 그는 형편에 맞지 않게 귀족 출신과 돈 많은 친구들을 따라하며 도박으로 재산을 탕진했어. 그런데도 시간이 갈수록 그의 착각은 더욱 심해졌지.

이제 자네는 끝장이야!
포기하시지.
가진 옷을 다 팔아도 감당 못할걸?

빚더미에 앉은 브루멜은 프랑스로 쫓겨나듯 도망친 뒤 빈곤한 생활을 하며 매독과 정신병을 앓다 사망했어.

금으로 만든 단추가 사방에서 보인데요, 글쎄!
단추다.
단추야,
단추구나.
?
빙빙

브루멜은 자신을 댄디하게, 즉 '세련되고 우아하게' 드러냄으로써, 남들이 추종하는 스타일을 만들었어. '스타일'이 어떻게 '유행'이 되는지를 매력적으로 보여 주는 사례지.

여성이든 남성이든 권력을 갖게 되면 흔히 그에 맞는 자신만의 스타일을 추구해.
대표적인 인물로 미국의 영부인이었던 재클린 케네디가 있어.
결혼 전 이름은 재클린 부비에. 그녀는 유명인들과 결혼하며 유명해졌어.
암살된 미국 대통령, 존 F. 케네디.
그리스의 선박왕, 부호 오나시스.
재클린 케네디(결혼 후 이름)는 프렌치 엘레강스 룩을 자신의 스타일로 고수했고,
굵직한 액세서리를 애용했다고 해.
재클린 부비에의 룩은 1950년대부터 1970년대에 세계적으로 유명해졌지. 지금까지도 '재클린 룩'을 한눈에 알아볼 수 있을 정도야.

그러니까 스타일은 유행의 근원인 동시에
하나의 패션 장르로도 자리 잡을 수 있는 거지.
브루멜이 죽을 때까지 똑같은 모습을
유지하며 고유의 스타일을 만들었다면,
재클린은 다양한 유행을 수용하면서도
자신만의 스타일을 만들었다고
할 수 있어.
끄적
끄적

일관된 스타일로 자신만의 이미지를 만들어 낸 유명인들도 있지.

앙겔라 메르켈
앙겔라 메르켈
앙겔라 메르켈
앙겔라 메르켈
앙겔라 메르켈
엘리자베스 2세
엘리자베스 2세
엘리자베스 2세
엘리자베스 2세
엘리자베스 2세

독일의 메르켈 총리나 영국의 엘리자베스 2세 같은 정계 여성 인사들은 자신을 잘 드러낼 수 있는 옷차림을 선호했지.
아주 다채로운 컬러를 보여 주는 게 좋을 거예요.
네!
하지만 남성 인사들은 달라. 간혹 패션을 무시하는 듯한 태도를 보이기도 해.
그런 사람들 말은 못 들은 체하세요.
아무것도 모르는 사람들이라니까.
네, 네, 네.
스티브 잡스, 버락 오바마, 마크 저커버그를 봐. 항상 똑같은 옷을 입잖아. 그 이유는 '무슨 옷을 입을까'와 같은 고민을 최소화해서 업무에 더 집중하기 위한 거였대.
월
화
수
목
하하하! 혹시 옷을 안 갈아입는 건 아니겠죠?
상징적인 관점에서 볼 때, 그들의 옷차림은 여러 메시지를 전달해.
존경하는 여왕 폐하, 옷 쪼가리 이야기는 지금까지 많이 했잖아요.
!
전 해야 할 일들이 너무 많습니다.
패션은 중요하지 않아요! 일이 우선입니다.

마침 그들이 하는 일과 패션 스타일이 잘 맞아 떨어졌지. 오바마 대통령은 어두운 색상을 즐겨 입었는데, 신뢰를 주는 옷차림이라는 평가를 받았어.
말 많은 오찬 회의에 딱 맞는군!
또, 티셔츠와 청바지를 무척 즐겨 입는 마크 저커버그를 보고 사람들은 '실리콘밸리' 스타일이라고 하지.
서른 살부터 계속 저렇게 입었대. 진짜 엄청 바쁜 사람인가 봐!
권력을 쥔 사람들의 옷차림이 '스타일'로 자리 잡자, 대중들은 이러한 스타일을 하나의 상징으로 받아들이게 됐어.
크으~ 모두가 우러러 볼 만한 패션입니다.
어두운 색상과 바지. 이건 브루멜의 영향력이 지금까지 이어진 거라고 볼 수 있지.
정말 이렇게 입을 거요?
왜요!?

후… 근데 마리 앙투아네트 왕비를 만나고부터 아직까지도 '패션'이랑 '유행'이 뭔지, 답을 못 찾았는걸요?
패션과 유행, 알 것 같으면서도 정확히 무슨 의미인지 잘 모르겠어요.

맞아. 패션과 유행을 정의하기란 쉽지 않아. 이는 한 세기 전부터 사회학자들의 관심사였지. 가장 널리 쓰이는 의미로 패션과 유행은 '우리가 옷을 입는 방식'을 의미해. '패션 산업'을 패션이라 부르기도 하고. 하지만 유행은 패션이 아닌 다른 것에도 적용할 수 있어. 예를 들면 이름! 이름도 유행이 있잖아.

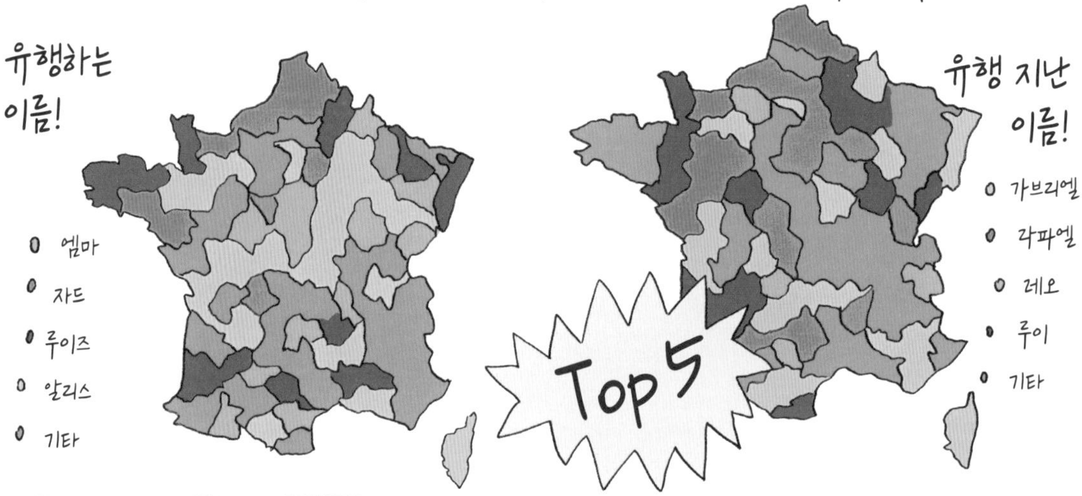

유행하는 이름!
엠마
자드
루이즈
알리스
기타
Top 5
유행 지난 이름!
가브리엘
라파엘
레오
루이
기타

언제 어떤 이름이 유행했는지 한눈에 보이네.
'조에'는
얼마 전까지 유행했지만 지금은….
'프레데리크'는 유행한 적도 없는데요?

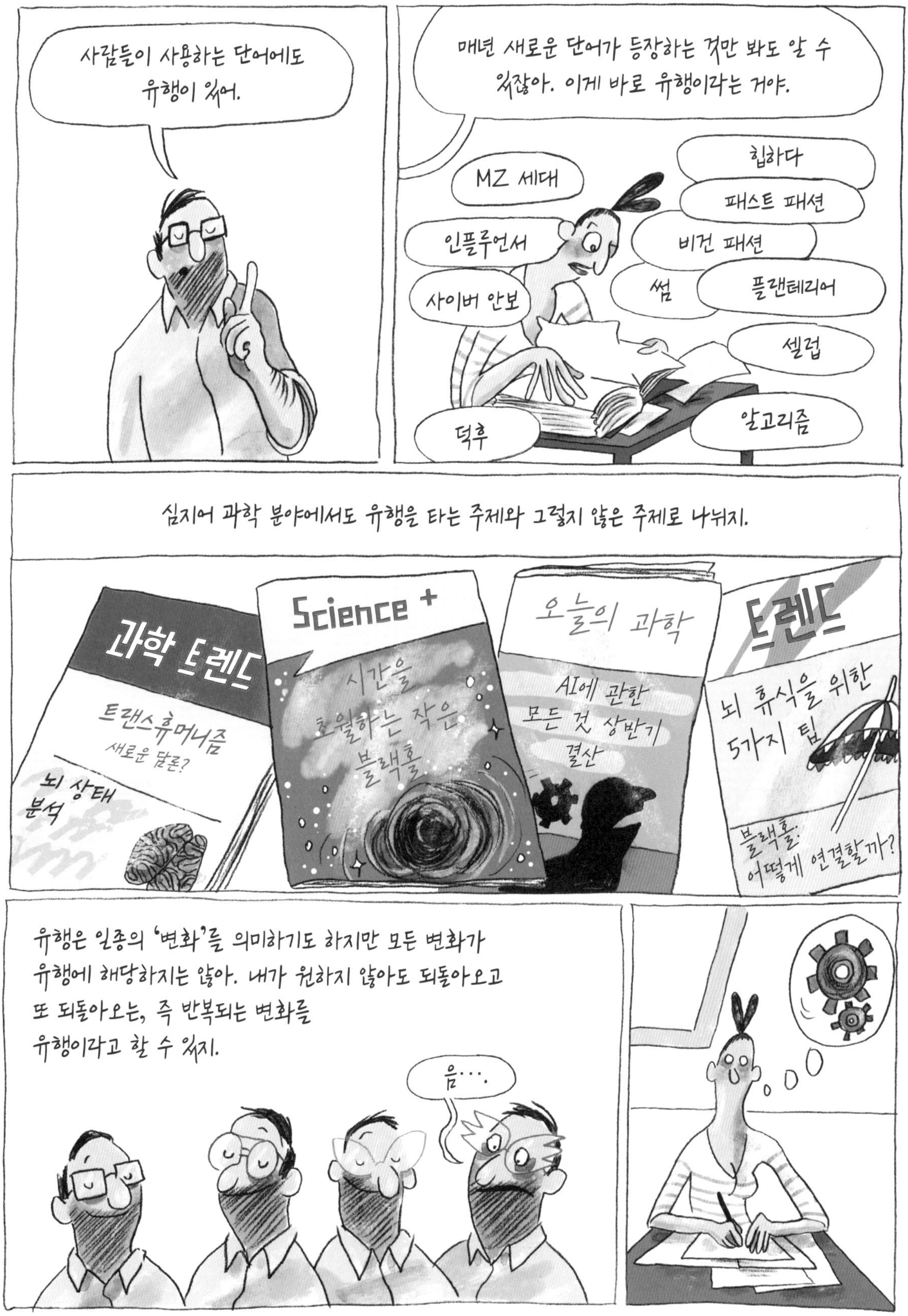
사람들이 사용하는 단어에도 유행이 있어.
매년 새로운 단어가 등장하는 것만 봐도 알 수 있잖아. 이게 바로 유행이라는 거야.
MZ 세대
힙하다
패스트 패션
인플루언서
비건 패션
사이버 안보
썸
플랜테리어
셀럽
덕후
알고리즘
심지어 과학 분야에서도 유행을 타는 주제와 그렇지 않은 주제로 나뉘지.
과학 트렌드
트랜스휴머니즘
새로운 담론?
뇌 상태 분석
Science +
시간을 초월하는 작은 블랙홀
오늘의 과학
AI에 관한 모든 것 상반기 결산
트렌드
뇌 휴식을 위한 5가지 팁
블랙홀, 어떻게 연결할까?
유행은 일종의 '변화'를 의미하기도 하지만 모든 변화가 유행에 해당하지는 않아. 내가 원하지 않아도 되돌아오고 또 되돌아오는, 즉 반복되는 변화를 유행이라고 할 수 있지.
음….

근데 누구나 패션의 자유를 갖고 있다고 배웠는데
소비에트 연방 같은 공산주의 국가에서는 개성이 강한 패션이 허용되지 않았을 것 같아요.
아, 그건 맞아. 자유분방함, 그런 건 없었지만
소비에트 연방 복식이 유명 브랜드에 영감을 주었지.
요즘 소비에트 연방 시절의 스타일이 아주 인기가 좋거든!
부츠를 신고 아보스카 를 담은 그물 장바구니를 들고 있는 할머니를 봐봐. 어때?
기품 있는
이 스타일!
신발 위로 살짝 올라온 양말, 정말 세련됐는걸….
응?
내가 뭐라는 거야?!

* 러시아 빵.

소비에트 연방은 패션에 대해 부정적이었지. 패션은 계급주의와 성차별을 낳는다는 이유로 공산주의와는 맞지 않는다고 생각한 거야. 러시아 차르 체제 때, 황실 디자이너이자 무대의상 디자이너였던 페트로브나 라마노바라고 아니? 그녀는 1917년 사회주의 혁명 때 운 좋게 살아남았는데,
그 이후, 당시 사회적 제도와 분위기에 맞는 '소비에트 연방 의복'을 연구했어.
역사가 라리사 자카로바는 소비에트 연방 의복은 기능적이고 이성적이며 한 문화의 전통에 깊이 뿌리내리고 있다고 말했지.
황제의 옷처럼 벨벳과 다이아몬드를 사용하는 시대는 끝났으니
이제는 누구나 쉽게 구할 수 있는 대중적인 소재를 사용해야겠군.

그런데 소비에트 연방 의복은 실용성을 중시하며 연출에 따라 변형이 가능했지만, 변형된 스타일이 반복되지는 않았어. 그 당시엔 옷을 대량 생산할 수 없어서 사람들이 세련된 옷이나 유행하는 옷을 입으려 해도 직접 만들거나 양장점에 의뢰할 수밖에 없었거든.

결국 유행은 본질적으로 자본주의와 연관되어 있다는 이야기네요.
계속되는 변화를 위해선 옷을 자유롭게 생산하고 소비해야 하니까 말이죠.
하지만 다 알다시피 패션 때문에 환경이 오염되고 있어요.
이 아찔한 쓰레기 더미 좀 보세요!
....
그래, 과잉 생산은 패션 산업의 끔찍한 이면이야.
전 세계 옷 중 30%는 단 한 번도 팔리지 않으니까.
하지만 좀 더 합리적인 비판을 하려면
유행이 사회 제도보다 더 빠르게 변한다는 걸 알아야 해.
정치 체제도 변하지만, 유행만큼 빨리 변하진 않지.
근데 보통, 변화는 혁신을 가져오잖아요.
쿵
스마트 TV, 전기 자동차, 인공지능 로봇 같은 것들은
더 나은 삶을 약속해 준다고요.

그래. 패션이 반드시 우리 일상을 더 낫게 해 주진 않아. 하지만 패션은 하나의 시스템 속에서 꾸준히 창조되고, 문화를 만들어 나가고 있어. 시스템에는 패션계에 종사하는 이들, 즉 패션 디자이너·디렉터·에디터 등을 비롯해 컬렉션 등이 포함돼 있지.
찰칵
찰칵
찰칵
브랜드 의류, 디자이너 숍, 패션쇼, 패션 잡지 등이 패션계를 움직이고 있어요.
그런데 이게 패션의 존재 이유를 설명해 주는 건 아니잖아요!
쾅쾅쾅
음…. 좀 더 부연 설명이 필요하겠군. 패션과 유행에는 '차별화'와 '모방'이라는 개념이 있어.
이건 또 무슨 말이람?
사실 아주 간단하지!
펑!

난 나바르의 왕비이자 프랑스의 왕비다! 당연히 내가 부르주아의 천한 옷차림을 부러워할 리 없다는 사실은 잘 알고 있을거야.
로즈!
로즈!
어디 있는 게야!
그래서 나의 전담 디자이너 로즈에게 새로운 스타일을 찾아 내라고 계속 명을 내리고 있지.
이제 이 누더기는 지겨워졌어!
네? 오늘 아침에 맞춘 옷인걸요.
새 드레스를 갖고 오거라.
문제는 천한 부르주아들이 나와 비슷해지려고 금세 나를 모방한다는 거야.
비상!
비상!
왕비님이 옷을 갈아입으신다!
오, 이런
벌써?
그러니 로즈가 빨리 새 옷을 디자인하거나 찾아와야 하지!
폐하, 깃털은 아직 아무도 안 달고 다니는 것 같아요!
그럼 어서 진행하여라, 로즈! 세상을 놀라게 해 주자꾸나!

물론 요즘엔 더 복잡해졌지만, 마리 앙투아네트 왕비를 보면 패션과 유행의 가장 기본적인 이론을 완벽하게 이해할 수 있어.
경의를 더 표하라. 난 왕비란 말이다!
감히 평민이 사치를 부리다니!

차별화와 모방 이론은 독일의 사회학자 게오르그 짐멜이 제시했어.
그리고 미국의 경제학자 소스타인 베블런은 이 이론을 형식화했지.
이들의 이론으로는
이해가 안 될 것 같은데….

아주 구체적인 예를 들어 주지. 샌들에 양말을 신는 스타일 알고 있지? 소비에트 연방에서는 이 조합을 당연하게 생각했어.
그걸 모를리가요! 독일 관광객들이 하고 다니는 촌스러운 스타일이잖아요! 윽!
자전거야. 조심해!
맞아. 바로 이 지점에서 유행의 힘을 알 수 있어. 어제는 촌스러워 보였던 것이 오늘은 멋져어 보이는 거지.
?
멋져요!
샌들이나 슬리퍼에 양말이 유례없는 조합은 아니야. 여러 시대, 여러 지역에서 찾아볼 수 있으니 말이야.
그렇지만 이분은 추위 때문에 그런 거지. 낡고 다 늘어난 흰 양말은 아니었다고요!
소비에트 연방뿐만 아니라 일본에서도 엄지발가락과 둘째 발가락 사이가 나누어져 있는 '다비'라는 버선을 신고 샌들을 신지.
일본의 전통 의복 중 하나죠. 어때요, 우아하죠?
+
=

로마 시대에도 샌들에 양말을 신었다는 주장이 있어. 걸프만 연안 지역 국가에서도 이런 복장을 종종 볼 수 있지. 이처럼 패션에서 과거 문화나 생활 양식 등이 하나의 스타일로서 인정받게 되는 경우를 종종 볼 수 있지.
잘 지냈는가!
짝
이 조합을 사람들이 좋아하게 되다니….
오 마이 갓….
뿅!
패션 스타일에 공들인 끝에, 난 진정한 유행의 아이콘이 되었지. 너희들 시대에도 어디서나 내 실루엣을 찾아볼 수 있으니 말이야!
너희도 언젠가 나처럼 될 수 있을 거야~
다시 뿅!

일단 스타일이 대중들에게 특별한 형식으로 인식되었다면, 유행하는 건 시간문제야.
슬리퍼랑
양말을
매치하라고···
오케이, 접수!
긁적 긁적
프랑스에서도 '샌들에 양말'이라는 제목의 랩이 큰 사랑을 받고, 2017년 봄부터 이 스타일이 유행하기 시작했으니까.
예압!
요!
쉐킷!
하지만, 누가 처음으로 샌들과 양말의 조합을 패션으로 받아들였는지는 알 수 없어. 생각조차 할 수 없는 조합이었지만, 2010년부터 이미 여러 브랜드에서 이 스타일을 시도했지.
그 누구도 감히 도전조차 할 수 없는 것을 찾기 위해 밤을 새웠어.
어때, 내 아이디어?
!
2014년에는 스타들이 샌들에 양말을 신고 다니기 시작했지.
저 사람 누구야?
막 입고 나온 거야?
2017년에는 전 세계가 이렇게 입기 시작했어. 대유행이 된 거야.

독일 관광객들은 가만히 있었는데, 유행이 되고 나니 그들의 패션은 패셔너블한 것이 됐지.
룩과 스타일은 과거와 현재를 오가며, 돌고 돌아 변화하고 유행하기도 해.
오, 그렇게 나쁘지 않은데?
휴!
그래도 슬리퍼는 사양이에요!
샌들과 양말의 조합이 흥미로운 점은 '유행'의 힘을 잘 보여 준다는 거야. 이전엔 촌스럽고 보기 좋지 않은 것으로 여겼던 스타일이 유행을 타면서, 다수에게 인정받게 되었으니까.
럭셔리 브랜드가 부활시킨 '샌들과 양말'의 조합
이 유행도 오래가지는 않겠지만, 샌들과 양말의 조합은 정당화 현상의 의미를 잘 보여 주는 좋은 예지.

오, 로즈!
네가 지금까지 이런 조합을 생각하지 않았다는 걸 얼마나 대견하게 여기는지 모를 거다.

남녀 모두에게
사랑받는 클래식
아이템

티셔츠

1910년대 미국 해군들이 편하다는 이유로 즐겨 입은 것이 티셔츠의 기원이야. 1920-30년대의 재단법은 지금과 달랐어.

이후에는 입는 사람의 정체성을 드러내기 좋고, 메시지를 전달할 수 있고, 기능성이 뛰어나 인기를 얻게 되었지.

1951년 말론 브란도, 그리고 그 뒤를 이어 제임스 딘이 티셔츠를 유행시켰어. 그때부터 티셔츠는 반드시 갖고 있어야 하는 아이템이 되었지.

또 다른 머스트 해브
아이템

블랙 미니 드레스

20세기와 21세기 여성복에서 빠질 수 없는 아이템이지.

블랙 미니 드레스는 영어 약어 'LBD(Little Black Dress)'가 있을 정도로 아주 중요한 패션 아이템이야. 프랑스어로는 'PRN(Petite Robe Noire)'라고 하지.

아이참, 블랙 미니 드레스 매진이잖아.
저런, 그럼 내일 저녁 모임에 뭐 입으려고? 그러게 미리 사 놓으라니까!

제1차 세계대전이 끝나자, 프랑스는 전사로 인해 남성 인구가 많이 감소했어. 여성들은 장례를 치러야 했고, 경제적 책임을 져야 했지. 이것이 블랙 미니 드레스가 탄생한 배경이기도 해.

코코 샤넬은 장례식 때 입는 옷을 우아하게 재해석했어. 블랙 드레스를 클래식 패션 코드로 만들어 평소에도 입을 수 있도록 만들었지.
올해 컬렉션도 대박이구먼!
엉엉….
흑흑흑….
그래서 형식적인 자리든 아니든 아무 때나 입는 옷이 된 거야.
엉엉엉….
흑흑흑….
고인의 명복을 빕니다….
같은 방식으로, 해군 군복인 마린 룩도 누구나 즐겨 입을 수 있는 옷으로 유행시켰지.
모두가 우릴 따라 하네요. 우리가 스타일 그 자체인 거죠!
흑흑….
마린 룩은 코코 샤넬과 함께 디자이너 장 폴 고티에를 대표하는 아이템이야.
하하!
거봐요! 전 유행에 뒤처지지 않는다니까요!
이제 알겠죠?
음… 그 옷은 유행에 따라 취향을 타긴 하지만
시대와 상관없이 클래식한 아이템이지!

잉? 이건 제 스타일이 아닌데
너무 저답지 않아요!
뭐? 80년대를 주름잡던 스타일이라구! 그땐 다들 이렇게 입었어.
아니, 저는 '유행'을 따라가는 스타일엔 관심이 없어요.
'나다운' 스타일을 선호한다고요!
그러고 보니 '스타일'이라는 단어에는 다른 뜻도 있어. 이거 또 골치 아프게 됐는데?

보통 패션에서 '스타일'에 관해 말할 때는 네 가지를 구분하지.

컬러
무늬
소재
그리고 '룩'!

앞서 말한 정당화 현상은 개인에게서 찾아볼 수도 있는데,
두 가지 흥미로운 현상으로 나타나.
바로 '의미의 변화'와 '혼성'이야.
'펑크'를 통해 설명할게.

'펑크'는 본래 '가치 없는 사람'을 경멸적으로 표현하는 영어 단어였어.

네? 우리가요?
버러지라고요?

1970년대에 들어서면서 뉴욕과 런던에 동시에 등장한 하위문화와 그 문화를 누리는 사람들을 '펑크'라고 불렀지.

당신도 '펑크'예요?
자, 머리도 바꾸고 소란을 피워서 우리의 힘을 보여 주자고!

1970년대 말, 두 차례의 오일 쇼크로 세계 경제 위기가 왔는데, 이때 실업의 고통을 겪은 청년들 사이에 펑크 문화가 확산됐어.

썩은 사회에서 무얼 한들 무슨 소용 있겠어?
싹둑
싹둑

하위문화는 '사회 내 특정 집단만이 공통으로 갖는 문화 혹은 생활 양식'이야. 사회 전체가 인정하지는 않지만 새로운 집단이 자생적으로 만든 하나의 문화를 별개의 문화로 주장할 수 있고 인정받기도 하지.

두구둥
쿵
이제 우리가 좀 신경 쓰이나?
짝
짝 쿵

사회학자 딕 헵디지는 하위문화의 개념을 발전시켜서 사회학에 접목했어.

펑크족은 몸에 꽉 달라붙는 옷을 입는 등 패션으로도 존재감을 드러냈지.
제멋대로 입은 지저분한 히피로군. 그 망할 고쟁이 바지 좀 눈앞에서 치워!
?
NO FUTURE
다양하고 도발적인 제스처를 하기도 했고.
하!
!
파닥 파닥
파닥

펑크 패션은 '혼성화'된 패션이야. 이전에 유행했던 로큰롤 스타일이 화려하게 발전한 '글램룩'에서 비롯되었기 때문이지.

1974년 뮤지컬 〈록키 호러 픽처 쇼〉가 대히트를 치면서 펑크 패션은 페티시즘 스타일, 다시 말해 은밀한 스타일로 발전했어.

펑크는 원래 주류 문화에 대한 저항을 강하게 나타내는 '스트리트 패션'으로 청년 노동자들의 전유물이었어.
반항의 상징으로 하켄크로이츠*를 달아 봤어. 어때?
!
근데… 제대로 한 거 맞아?
영국 귀족이 오랫동안 애용한 타탄체크도 사용했지.
타탄체크는 빅토리아 여왕이 즐겨 입으면서 유행하게 된 무늬야.
진정한 의미의 영국식 펑크는 70년대 초 비비안 웨스트우드와 말콤 맥라렌의 런던 부티크에서 시작되었어.

* 나치 문양.

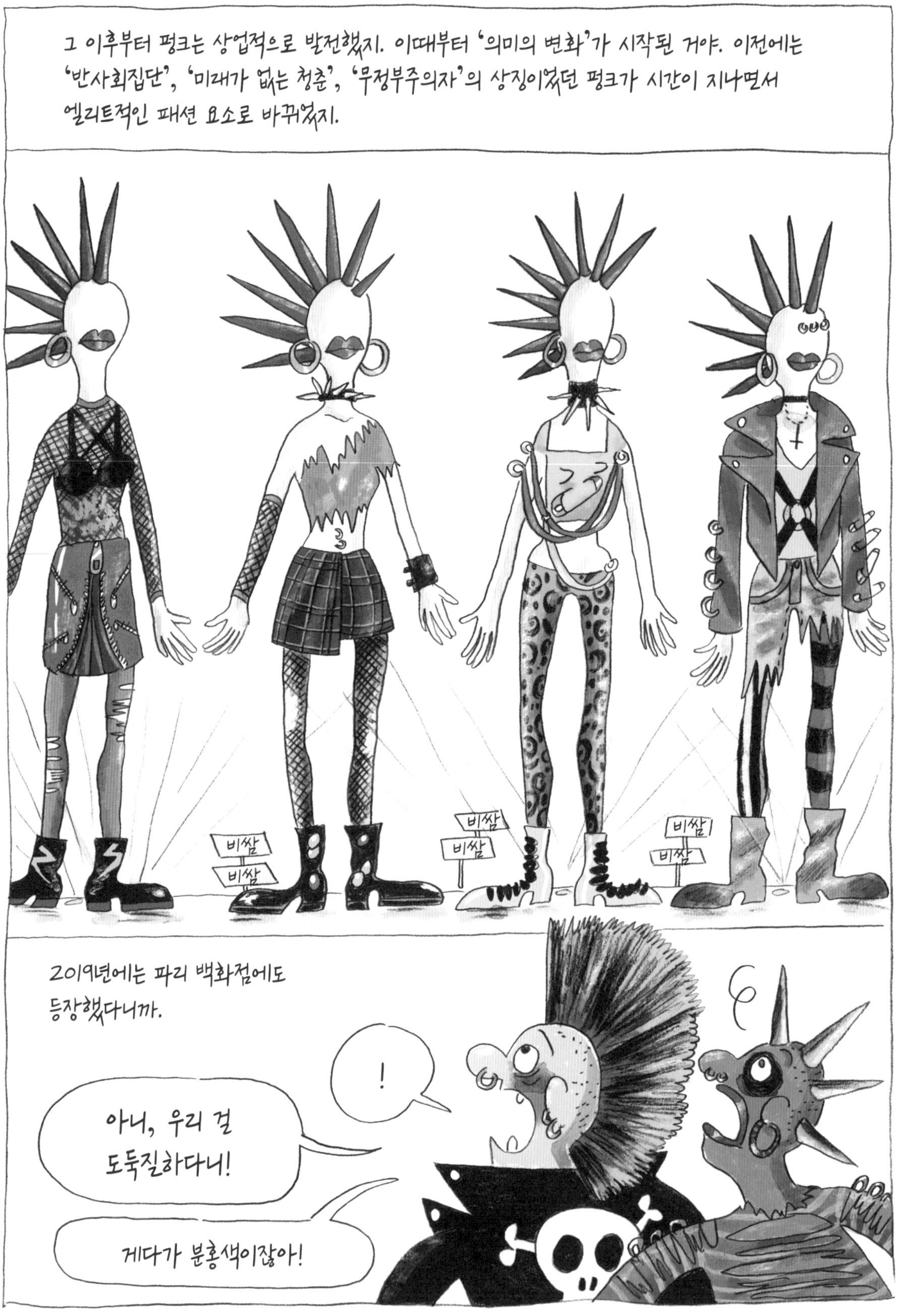
그 이후부터 펑크는 상업적으로 발전했지. 이때부터 '의미의 변화'가 시작된 거야. 이전에는 '반사회집단', '미래가 없는 청춘', '무정부주의자'의 상징이었던 펑크가 시간이 지나면서 엘리트적인 패션 요소로 바뀌었지.
비쌈
비쌈
비쌈
비쌈
비쌈
비쌈
2019년에는 파리 백화점에도 등장했다니까.
!
아니, 우리 걸 도둑질하다니!
게다가 분홍색이잖아!

유행은 차별화에 대한 욕망에서 비롯하고, 모방으로 활성화된다는 사실, 이제 이해했지?
그럼, 유행은 원하는 걸 모방하며 실현하는 거군요!
놉! 그냥 베낀다고 되는 게 아니야.
여러 아이디어를 참고하되, '창의력'이 꼭 있어야 해!
심리학자 테레사 에머빌은 '창의력'은 개인의 역량이라고 말했어.
어머, 이것 좀 봐!
새로운 것을 만들어 내는 능력 말이야.
이런 니트는 처음 보는데!
그리고 잘 팔릴 만한 것을
여기저기 입기에도 좋고 겨울엔 따뜻하겠는걸.
제대로 만들어 내는 능력이기도 하지.
이거 사야겠다!

그래서 상품성이 동반된 창의력은 이윤을 창출할 수 있는 원동력이 돼. 창의력은 패션의 핵심 요소라고 할 수 있지.
오!
가격은 비싸지만, 디자인, 품질이 좋은 건 확실해.
이 브랜드에만 있는 제품일 거야.
너무 새롭지 않으면서도 '적절하게' 유행할 만한 것을 만들어야 해.
다들 이 옷을 탐내겠지?
때론 '새로운' 것이 소비자에게 외면받을 때도 있어. 너무 우스꽝스럽거나, 심하면 미친 것처럼 보일 수도 있으니 말이야.
아니 누가 저걸 돈 주고 사 입어?

그런데 창의력이 없으면 완전 모방을 할 수밖에 없지.
그대로 베끼는 거잖아요!
이거 봐! 얼마 전에 네 거랑 똑같은 옷을 발견했어!
뭐?!
가격도 괜찮더라!
독창적인 브랜드들을 베껴 만드는 건 창의력이 완전히 바닥났다는 의미야.
그 짝퉁 제대로 산 거 맞아? 입이 완전히 삐뚤어졌는데?
내 옷이랑 달라, 봐!
모방을 안 하더라도, 진부하지만 상품성이 확실한 아이디어를 계속 되풀이하거나, 기본 스타일을 앞세우기에 급급하기도 하지.
그러니까 이번 시즌에는 밀리터리 룩이 대유행인가보군.
응, 작년처럼 말이지….
패션은 아름다움과 실질적인 이윤을 동시에 추구한다는 사실을 이제 이해할 수 있겠어요.
하지만 패션에 정답은 없어. 모든 것은 항상 변하니까.
패션을 잘 이해하려면 화려하고 요란한 장식이나 옷만 바라보지 말고, 유행을 만드는 게 무엇인지 제대로 살펴봐야 해.
패션의 화려함에만 주목하지 말 것!

아, 이 시녀복도 지겨워졌어.
이게 갑자기 입고 싶었다니, 정말
터무니없는 생각이었지 뭐야?
로즈, 간식 좀 챙겨 오고,
뭔가 독창적이고 아름다운 옷도
찾아오너라.
나의 권위를 더 높일 수
있는 옷으로!

'유행의 실체는 과연 무엇일까….'
어휴, 내가 대체 뭘 쓰고 있는 거야.
어디서부터 시작해야 할지 감도 안 잡히네!
유후, 내가 왔지!
!
네가 다시 이 아름다운 베르사유로 올 줄 알았어!
그래서… 집필은 잘 되어 가?
아니요! 계속 같은 문제에서 제자리걸음이에요!

새로움과 즐거움을 선사하는 마법 같은 힘과 미적 가치의 뒤에 유행이 감추고 있는 것이 무엇인지 이해하려다 보니, 패션의 역사까지 들여다보게 되었지 뭐예요!
유행은 언제부터 시작했을까요?
제게 준 자료들을 보니 각기 다른 여러 주장이 있는데, 대다수가 패션과 유행은 르네상스 초기의 서양 국가들에서 탄생했다고 하더라고요.
우리가 힘 좀 썼지!
고대 그리스나 로마에서 시작했다는 기록도 있었죠.
친구…
나의 친구…
넌 나의 친구?
쳇….
쏼라 쏼라 쏼라
쏼라 쏼라 쏼라
중세 일본에서 시작했다는 기록도 있었고요!
그르르르!
사실 패션과 유행은 항상 존재했어. 하지만 오랫동안, 사람들은 유행을 '사치'와 혼동했지.

아직까지도 유행을 일종의 추상적인 변화라고 생각하는 사람들이 있어.
그리고 오랫동안 유행의 도덕적 가치에 대한 의문을 제기해 왔지.
그나저나 뭔가 달라졌는데요? 머리 잘랐어요?
하하! 아니. 이 럭셔리한 시계가 나랑 유난히 잘 어울려서 그렇게 보이는 거 아닐까?
지금 이거, 자랑하는 거 맞죠?!
에이, 비약하지 마!
그런데 사실, 이 상황은 내가 지금 이야기하려는 바와 관련이 있어.
지성인들은 유행을 사치로 인식해서 좋게 보지 않았지.
쳇, 나더러 지성인이라는 건가….
설명을 돕기 위해 내가 친애하는 친구들을 그리스에서 친히 모셨어.
인사 드려~

바로 이 분들이야!
그대는 예술가인가?
그대 같은 사람들은 나의 이상적인 국가에서 환영받지 못한다네. 왜냐하면 예술은 모방일뿐 진리가 없기 때문이지.
철학가들과 정반대되는 사람들이라네.
어쩌고 저쩌고
?
조에 양, 제 스승 플라톤 선생님의 무례를 용서하세요. 뭔가 잘못 알고 계신 것 같네요.
그러니까….
예술가는 우리의 삶을 더욱 행복하게 만들어 줍니다. 진리도, 예술도 모두 소중하죠. 모방 예술에서도 진리를 발견할 수 있고요.

미련한 소리!
내 이상 국가에서 사람들은 음식, 와인, 옷, 신발 등을 자급자족할 것이라네.
집도 직접 짓겠지. 여름에는 맨몸과 맨발로 일을 하고
겨울에는 따뜻하게 입고 신발도 잘 챙겨 신고 일하지.
무화과와 완두콩, 잠두콩은 수확하고 블루베리와 너도밤나무 열매를 잔불에 구워 먹겠지. 술은 적당히 기분 좋을 정도로만 곁들여 마실 것이라네.

* 《국가, 2부》, 플라톤.

구미가 썩 당기는 이야기는 아닌데요.
그러니까 자네는 진·선·미를 추구하는 기본적인 삶에 사치를 덧붙이고 싶다는 게로군? 예를 들면 유행에 따라 옷을 바꿔 입는 것처럼?
그러려면 뭐가 필요한가?
멋있는 스카프나 비싼 코트요?
그걸 어디서 얻을 수 있는가?
다른 나라에서요!
돈이 부족하면 어떻게 할 텐가?
전쟁을 일으켜서 이웃 나라의 자원을 뺏어야죠!
떵그랑
자네가 하는 말은 이상하게도 나의 형 글라우콘의 주장과 닮아 있다네. 그 내용은 《국가, 2부》에 설명해 놨지.
플라톤 선생님은 항상 극단적이시라니까요.

루소는 플라톤의 철학을 이어받아 '사치'가 도덕을 타락시킨다고 주장했어. 사치는 미풍양속을 해치고 순수성마저 잃게 한다고 했지. 맨몸으로 투쟁해야 하는 인간에게 사치란, 용맹함을 거스르는 것이라고 생각했거든.
몸의 치장으로부터 자유로운 사람이 현명한 사람이야. 자신의 능력을 온전히 발휘하는 데 방해만 되기 때문이지. 치장하는 데 쓰는 장식품은 대부분 그저 결함을 가리기 위한 것에 불과하다고!
그래도 사치를 원해?
볼테르는 아리스토텔레스와는 다른 독창적인 논거를 펼쳤어.
사치는 그저 아름다움과 행복만을 추구하는 데 그치지 않고, 경제를 발전시키기도 한다고!
조금만 더 일찍 말해 주지 그랬어!
패션은 경제 발전에도 아주 중요한 역할을 해. 유로모니터 에 따르면 2019년 기준, 패션 산업의 규모는 약 1조 5,690억 유로에 달했지.
후! 이게 죄다 옷이랑 신발이라니!
그에 비해 가전 산업의 규모는 6,720억 유로, 포장식품 시장의 규모는 2조 720억 유로였어. 패션 산업이 얼마나 중요한지 알 수 있지.
이게 다 뭐지?
!
먹은 건가?

* 세계 소비재 시장 전문 리서치 업체.

약간의 사치는 행복해지는 데 도움이 되기도 하고요.
퍽이나….
오~ 오~
진주, 금, 보석들이여 나에게로 오라.
이제 내 인내심은 바닥나고 있도다.
돈이 많지 않아도 아등바등할 필요는 없죠. 인내심을 가지고 더 좋은 날이 오기를 기다리면 되니까요.
매일 목욕을 하고 토가 를 갈아입어야지.
아….
충만한 삶으로 향하는 궁극의 길이란 없는 걸까.
결국 이 사람들은 유행과 사치를 똑같다고 생각한 거야. 고대 그리스에서는 옷 만드는 비용이 컸으니까.
삶의 수준을 유지하는 데는 새로운 것이 필요했어.
저 사람들은 지금 패션과 유행에 대해 잘 모르는 게 분명해요.
호사스러울진 모르지만, 도덕은 존재하지 않으니까요.
그 만년필, 나 주면 안 될까?
'유행은 영원불변한 진리로부터 인간을 멀게 하고, 갈등과 타락을 초래하는 변화이다.'
근대 사상가들은 유행을 이렇게 바라보았어.

* 고대 로마 전통의상이자, 권위를 내세우기 위해 남자들이 입었던 겉옷.

일부 철학자들은 유행을 경박함으로 치부했지만, 볼테르는 귀족들의 사치품 수요 덕에 해상 무역이 발전했다며 경제적 가치를 입증했어.
두고 보자.
이 색깔이며~ 볼륨이며~
루소 씨도 이제 우리처럼 꾸며보세요. 제법 수수해졌잖아요?
호호
오, 부인. 이제 흰 빵 을 드세요. 궁정에 곧 소박함이 유행할 테니 말이에요.
1960-70년대는 매우 중요한 시기였어. 프레타포르테 가 등장해 패션 산업이 도약하게 되었으니 말이야.
두 벌을 한꺼번에 살 수 있어!
심지어 완성품이야!
오트 쿠튀르 의 시대가 가고 중산층이 구매할 수 있는 표준화된 기성복이 도래한 거지.
좀 찢어지면 어때? 다시 사면 되지!
빠지직
내 마음도 찢어지긴 하겠지만….

* 18세기 프랑스에서는 정제된 밀가루로 만든 빵, 즉 흰 빵을 부자의 빵으로 여겼지만, 당시 귀족들은 이마저도 소박한 음식으로 생각했다.

** 프레타포르테Prêt-à-Porter, '기성복'을 말한다.

*** 오트 쿠튀르Haute couture, '고급 맞춤복'을 말한다.

패션 산업은 다양한 기술과 혁신 덕분에 소비자들의 늘어나는 욕구에 부응할 수 있었어.

예를 들면 20세기 초에는
폴 푸와레 덕분에 여성들이 코르셋에서
해방됐고, 1910년대에는 카레스
크로스비가 브래지어를 만들었지.

여기서 중요한 건 패션이 '도시'에서 발달했다는 거야.
패션 디자인 말이죠?
제조는 다른 이야기니까요.
그 도시들은 '패션 수도'라고 해.
지리학적으로도 사회학적으로도 아주 중요한 개념이지.
패션 수도는 새로운 스타일과 트렌드를 제시하며 전 세계 패션 산업을 이끌고 있어. 패션과 관련된 다양한 업계와 인사들도 인정하는 도시들이지.
전통적으로 인정받는 패션 도시는 총 네 곳이야.
파리는 당연하고!
뉴욕!
밀라노!
런던!
이 네 곳 외에 다른 도시들이 중요하지 않다는 건 아니지만, 이 네 도시를 패션 산업에서 가장 중요한 도시로 여기고 있지!

나라에 패션 수도가 있다는 것은 패션을 통해 그 나라의 '소프트 파워'를 전 세계에 보여줄 수 있다는 것을 의미해.
국정 이야기를 나누기 전에, 티타임 어떠세요?
네 좋죠.
소프트 파워는 조지프 나이가 처음 사용한 개념인데, 군사력 등으로 대변되는 '하드 파워'에 반대되는 개념이야.
난 수천 발의 미사일을 갖고 있다! 움하하!!
저쪽으로 가서 우리끼리 편하게 얘기할까요?
소프트 파워는 교육, 문화, 외교력, 정부 구조, 디지털 영향력, 비즈니스 구조, 명성 등 여러 요소로 이루어져 있어.
하하하하하!
각자 알아서 살길 찾으면 되니, 신경 쓰지 말자고요.
네 그렇죠.
최근 보고에 따르면 프랑스의 소프트 파워는 영국과 독일을 제치고 1위를 기록했어. 프랑스의 소프트 파워는 외교 네트워크와 문화가 큰 비중을 차지하는데, 문화에는 패션이 포함되거든!
하아아아!!!!!!
촌 동네 분들이 여기 계셨군!

* 정보, 과학, 문화, 예술 등을 앞세워 상대방의 행동이나 결정에 영향력을 행사하는 힘.

파리, 밀라노, 런던, 뉴욕. 이 도시들이 '패션 수도'가 된 이유는 다양한데, 우선 파리의 경우 오랜 역사가 있지. 베르사유 궁전*만 봐도 프랑스 패션의 역사를 알 수 있고, 오늘날 대형 패션 브랜드들도 파리에 모여 있지.
내가 좋아하는 브랜드들!
꺄! 가슴이 벅차오르는구나!
CHANOL
HERMOS

런던은 댄디룩의 아이콘인 브루멜, 새빌로**와 같은 상징적인 공간 덕에 특히 남성복에서 두각을 나타내고 있어.
저희 숍에 있는 셔츠를 연결하면 수 킬로미터는 될 겁니다.
옷감들을 이어 놓으면 수천 킬로미터가 넘을 거고요.
실례하겠습니다, 손님.
치수는 정확하게 재야 합니다.
편하게 재시게.

* 파리의 패션을 유럽 전역으로 퍼트린 마리 앙투아네트가 루이 16세와 결혼식을 올린 곳이자, 머물렀던 곳이다.

** 런던 중심부 메이페어에 위치한 거리로 비스포크 슈트, 즉 맞춤 제작하는 유명 양복점들이 늘어서 있다.

제2차 세계대전 이후 파리와 런던의 패션 산업은 내림세에 접어들었어. 그 당시 패션 분야에서 활발하게 활동하던 이들이 뉴욕으로 이주했거든. 그들은 맨해튼에 있는 가먼트 디스트릭트에서 커뮤니티를 형성했고, 그때부터 뉴욕이 패션 도시로 부상하게 되었지.

눈 좀 똑바로 뜨고 다녀, 이 멍청아!

이탈리아는 밀라노 외에 로마, 베네치아, 피렌체 등 쟁쟁한 패션 도시들이 여럿 있었지만, 밀라노에 명품 브랜드 본사가 집중되어 있었을 뿐 아니라 경제 중심지 역할을 했어. 결국 경제 수도가 경쟁에서 이긴 셈이지.

비싼 곳
더 비싼 곳
짱 비싼 곳
이곳의 럭셔리함에 눈이 멀어서 그런데, 샤넬은 어디에 있나요?
저기 금으로 된 커다란 장식 뒤에 있어요. 에르메스 지나서 바로요.

반면 경쟁에서 살아남지 못한 곳들도 있었어. 스페인의 마드리드와 바르셀로나도 경쟁했지만 프랑코의 독재, 특히 지나친 검열 때문에 스페인은 패션 강국이 될 수 없었지.
전
후
프랑코 정권은 디자이너들이 전통 의상에 집중해야 한다고 주장했거든. 그러나 지금은 자라 등 여러 패션 브랜드를 가진 인디텍스 그룹의 영향력 덕분에 패션계에서 다시 떠오를 가능성이 보여.
그럼, 그렇지….
우리 스페인의 위상을 뭘로 보고!
일본의 경우 많은 디자이너들이 파리의 영향을 받고 있는 가운데, 스트리트 패션 분야에서 두각을 나타내고 있어.
전 세계 도시가 그렇게 될 수도 있고요!
브라질의 상파울루, 인도의 뭄바이나 델리, 중국의 상하이나 베이징, 러시아의 모스크바 등 신흥 강대국의 문화 수도들이 미래의 잠재적인 패션 수도라고 할 수 있지.

오늘날 패션의 대표적인 특징은 끊임없이 변화한다는 점인데, 이러한 형태의 패션은 중세 시대 말부터 나타났어. 바로 이탈리아에서! 좀 더 정확히는 지금의 피렌체, 베네치아 같은 도시 국가들에서 나타났지.

중세 유럽 지도
보헤미아
바이에른
아키텐
가스코뉴
셉티마니아
교황령

이탈리아의 도시 국가들은 부르주아들의 교역 무대였어. 그들은 사치품과 패션을 이용해 귀족들보다 우위에 서고자 했지.

뿅!
내가 왜 그렇게 내 스타일을 유행시키려고 했는지 이제 이해하겠느냐?
부르주아들이 나를 왕좌에서 끌어내리려고 무진장 애를 썼기 때문이지!
?

그건 너무 유럽 중심적인 생각인걸요!
!
패션은 그 이전에도, 그리고 다른 곳에도 존재했다고요. 일본의 헤이안 시대로 거슬러 올라가 보시죠.
아름답다!
칫
그렇지?
헤이안 시대, 유행을 선두하는 사람들은 '현대적'이라고 칭찬했대.
저게 바로 패션이지!

안녕하세요, 저는 플리니우스 입니다. 로마의 자연 철학자이죠.

제가 살던 때에도 이미 사람들은 반지를 다양한 스타일로 꼈어요.

자기 반지를 자랑하고 다니던 사람들도 있었죠.

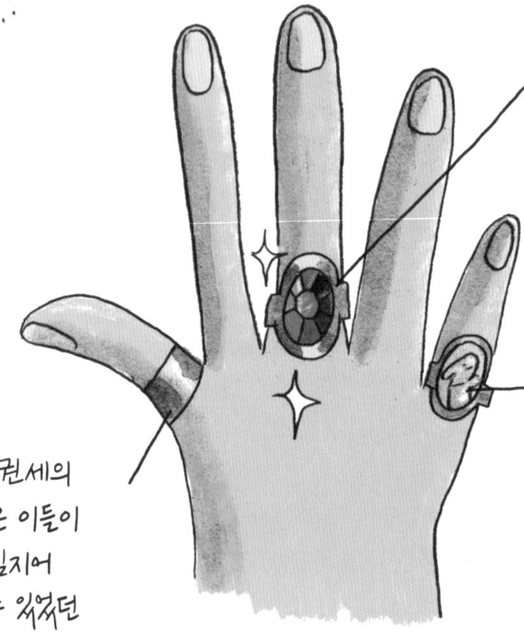

부를 뽐내려고 반지에 보석을 장식하는 등 사치는 다양한 유행을 만들어 냈어요.

또 자신의 가문이나 신분을 상징하는 문양이나 그림을 새기기도 했어요.

금반지는 귀족이 누리는 권세의 상징이었죠. 그래서 많은 이들이 금반지를 선호했어요. 심지어 철로 만든 반지만 낄 수 있었던 노예들도 도금한 철반지를 끼고 다닐 정도였죠.

착용 방식

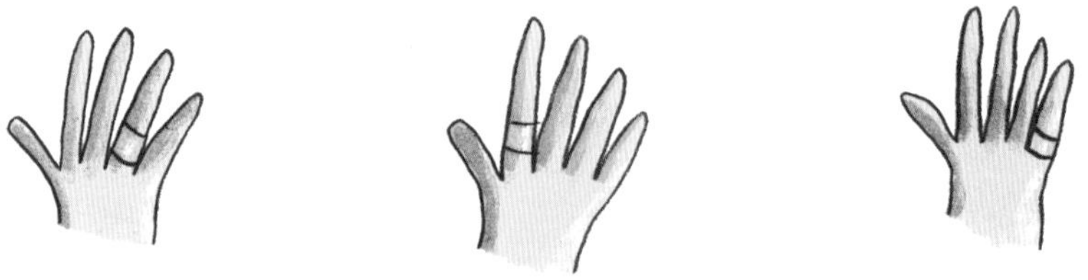

처음엔 약지에 끼다가

이후에는 검지,

소지에 끼는 것도 유행했어요.

갈리아 와 브르타뉴 에서는 중지에 꼈죠.

보병부대에서는 요즘처럼 실반지를 여러 개 꼈어요.

여러 개를 한 번에 낄 때는 중지를 비워 두는 것도 유행했죠.

* 가이우스 플리니우스 세쿤두스Gaius Plinius Secundus(23-79).

** 로마 제국 멸망 이전까지, 지금의 프랑스, 벨기에, 스위스 서부, 그리고 라인강 서쪽의 독일을 포함하는 지방을 말한다.

*** 대서양과 맞닿은 곳으로, 프랑스와는 분리되어 군주가 다스리는 나라였으나 1532년 프랑스와 합병되었다.

어떤 이들은 재물보다 자신이 더 귀하다는 의미로 소지에 딱 하나만 끼기도 했답니다.
어머, 저 사람 대단한 인물인가 봐.
에이, 고작 실반지 하나잖아?
저걸 어디다 써?
인장을 새긴 반지는 자신의 권위를 드러내기 위해 사용되었고요.
내가 바로 용감한 에픽테토스다!
이 반지로 당신 얼굴에 인장을 새겨 주지!
워우!
또 어떤 이들은 무거운 보석이 달린 반지를 뽐내기도 했어요.
거봐! 무겁고 거추장스러운 걸 그렇게 주렁주렁 끼고 다니니 죽겠지?
아이고…
역시 여러 개를 끼는 건 걸리적거리고 불편해. 난 지금이 딱 좋아.
어휴, 이제야 살겠군.
잘 생각했어.

그러니까 유행이 보통 알고 있는 것처럼
중세 시대 유럽에서 등장한 게 아니라는 거죠?
당연하지! 어느 날 갑자기 나타난 것도
아니고! 수 세기에 걸쳐 자리 잡은
'사회 현상'이지.
알다시피 저도 반지가 많지만, 반지에 대한 만화는 그려본 적 없어요. 재미없거든요.
역사적으로 볼 때 유행은 오랜 시간에 걸쳐 조금씩 부상한 거야.
철학적인 측면만 봐서는 안 돼.
수백 년, 아니 수천 년 전 역사를 들여다보면
역사 속 권력 다툼은
유행과도 아주 밀접한 관계가 있어.
중산층이 다른 계층에 행사하는 권력,
한 도시가 다른 도시에 행사하는 권력,
남성이 여성에게 행사하는 권력에 대해….
지금부터 설명하도록 하지.
우선 옷부터 갈아입고 떠나자고!

자, 여기는 베르사유 궁전이야. 마리 앙투아네트 왕비가 아니라 루이 14세의 궁전 말이야.
1682년 루이 14세는 베르사유 궁전으로 거처를 옮겼지.
폐하!
일어 나시옵소서!
쾅!
이젠 침소에서 일어나셔야 할 시간입니다.

?
폐하!
제가 몇 가지 여쭤볼 게 있사온데….
저희가….
게 누구냐?
해괴망측한 몰골이로군!
정말 무례하구나!
쓱싹
쓱싹
감히 여기가 어느 안전이라고!
여봐라, 저들을 끌어내라!
아니, 잠깐만요….
이게 뭐예요!
셔츠가 문제였나 봐!
도망가자!
저런 높은 분들 사이에서
말 한 마디도 못 꺼내겠고만!

가여운 루이 왕자를 생각해 봐. 어린 루이 왕자는 그의 왕권에 의문을 제기한 귀족들 틈에서 자라야 했겠지.
이리 오너라!
짐은 놀고 싶다!
하하하
푸흡, 큭큭! 큭큭!
그래서 루이 14세는 수백 명의 귀족을 궁전에 머물게 하면서 예술, 공연, 패션 등으로 그들의 혼을 빼 놓겠다는 대책을 세웠어.
그만들 웃고, 내가 말한 대로 갖춰 입도록 해!
탁
루이 14세는 주기적으로 새로운 남성 패션을 유행시키는 고약한 취미가 있었어.
구두에 빨간 밑창과 굽을 다셨어!
역시 폐하야!
그리고 그는 자신의 정부들에게 여성 패션 유행을 선도하게 했는데, 특히 새로운 헤어스타일에 관심이 많았지.
부인, 저 좀 보세요! 1670년대 최신 헤어스타일이랍니다!
오, 이런….
마치 양배추 꽃 같네지.

루이 14세의 영향력이 미치지 않은 곳이 없었고, 모든 궁정에서는 베르사유의 유행을 따라가고 싶어 했대.
앗!
헉!
헉!
휴
쾅!
휴우
돌아왔구나!
?
그동안 왕국에 무슨 일이 있었는지 상상도 할 수 없을 게야.
?
흑흑. 프랑스 시민들이 나의 권력을 찬탈하고 말았어!
아이고….
내가 드레스를 맞추고 치장하는 데 국가 재정을 다 썼다고 날 비난한다고!
흑흑
엉엉
난 단지 세상을 더 아름답게 만들고 싶었을 뿐이야.

여러분도 아시다시피 마리 앙투아네트 왕비님의 삶은 순탄하지 않았어요. 프랑스와 오스트리아의 동맹을 위해 전략 결혼을 했으니까요.
왕비님은 어떠한 권력도, 권한도 없이 프랑스에 오셨지만 모두가 왕비님을 싫어했어요.
난 곧 떠나야 해요. 사람들은 내가 왕비님의 사치스러운 삶을 부추겼다고 비난하거든요.
난 런던으로 갈 거예요.
그곳 사람들은 제 패션 조언에 고마워할 테니까요.
나라에서 내쫓기는 예술가라!
플라톤이 말한 예술가의 운명이네!
이탈리아의 도시 국가들, 루이 14세, 로즈 베르탱을 보면 패션의 기본 원칙 몇 가지를 확인할 수 있어.
우선 '모방'과 '차별화' 사이의 긴장은 부르주아와 귀족 계층 간의 갈등에서 비롯되었지. 이로 인해 뚜렷한 움직임이 생겨났거든.
루이 14세는 유행을 한 곳으로 집중시켰고,
마리 앙투아네트는 로즈 베르탱 같은 디자이너가 독자적으로 활동할 수 있게 했지.
자, 이제 퍼즐 조각을 찾으러 떠나 볼까?
영국으로 가 보자고!
그런데 이 방엔 대체 문이 몇 개나 있는 거예요?

지금은 1830년대, 이곳은 영국 링컨셔,
이 사람들은 찰스 프레데릭 워스의 가족이야.
이 대가족은 아버지의 방탕한 생활로 인해 파산하게 되지.
가여운 찰스 프레데릭은 11살이 되던 1848년에 돈을 벌기 위해 파리로 떠났고, 백화점에서 일자리를 구했어.
이런, 프랑스어로 '안녕'을 뭐라고 하지?
게다가 완전히 빈털터리니
고생길이 펼쳐지겠군….
그의 인생은 요정이 나오는 한 편의 동화 같았지. 파리에 온 찰스는 디자이너로 열심히 일했고 마지막 황후인 외제니 황후와도 만나게 돼. 그리고 최초의 오트 쿠튀르 패션쇼를 선보였지.
파닥 파닥
오오, 황후 폐하. 그 무엇도 폐하께는 아깝지 않지요.
비록 파리에는 땡전 한 푼 없이 왔지만
이제 모두가 저에게
미소를 지어준답니다.
그의 아내 마리 베르네는 패션쇼에 모델로 서기도 했어.
오, 내 사랑 마리!
?
그대는 역사상 최초의 모델이라오.
톱모델!

찰스는 자신을 알리기 위해 모든 인맥을 동원하며 온 힘을 썼어. 말년에는 파리에 새로 부임한 오스트리아 대사의 부인 폴린 폰 메테르니히 공주의 도움을 받았지.
부인께서도 유명세를 알리려고 패션을 이용하시지 않습니까?
아아!
나 좀 내버려 둬요!
힘 좀 써 주십쇼!
ZZZZZZ
황후 폐하께 저를 소개만 해주신다면 더는 부인을 귀찮게 하지 않을게요!
제발요!
하지만 남성이 여성의 옷시중을 드는 걸 고운 시선으로 볼 리 없었지. 그래서 처음에는 상류층 여성들의 옷을 제작하기란 쉽지 않았어.
황후의 옷을 남자가 갈아입혀 드리다니요!
저도 소문 들었어요.
그러나 찰스 프레데릭 워스는 입지를 다지는 데 성공했고 패션을 남성이 지배하는 산업으로 만들었어.
하하하! 패션계여, 내게로 오라!
향후 몇 세대는 이 몸이 패션계를 지배할 것이다!

자, 자!
물러나세요, 로즈 베르탱씨!
이제부터 제가 이곳의 리더라고요!
구시렁구시렁….

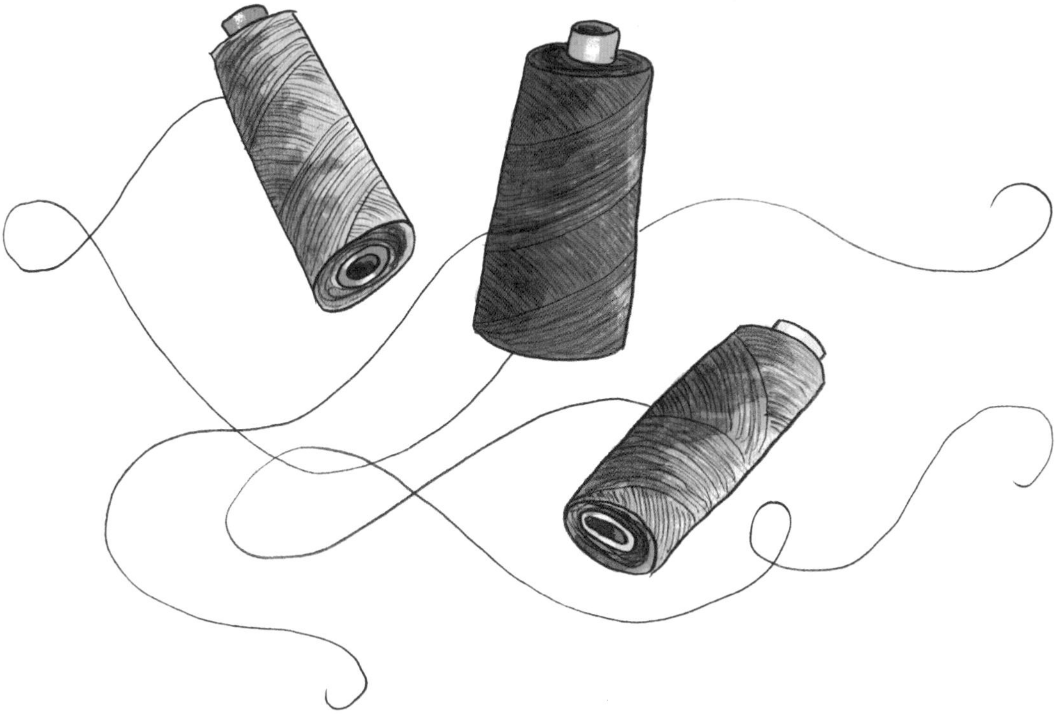

하하! 난 보름 동안 꿈같은 휴가를 보내고 왔는데
너는?
으으….
기분 전환되고 정말 좋았지, 후후.
네네~ 그러시겠죠. 그럼 이제 유행과 패션을 둘러싼 소란들은 뒤로하고 패션 산업의 내막을 살펴보죠! 패션 산업이 저절로 굴러가는 건 아니잖아요?
….
패션 업계의 제조 과정은 어떻게 돌아가나요?
구체적으로 알고 싶어요!
디자인
자본
컬렉션
옷감
쪼르르르르르륵
워…, 진정하고!
정신 차릴 시간 좀 줘!
우선 세 시기로 나누어 살펴봐야 해.
시장 공급 전
시장 공급
시장 공급 후

시장이 제대로 기능하는 데 필요한 모든 것들은 대부분 유통 전 단계에 분포해 있어.
원자재
(무명, 목화솜을 원료로 한 실)
의류 제작자
직물
딱 내 스타일이네!
패션 시장
디자이너들은 이러한 요소들을 조합해서 소재나 브랜드 상징 등을 고민하지.
내가 마리 앙투아네트를 프린팅 한 이유는
역사적으로 완벽한 패션의 상징이기 때문이에요.
디자이너는 패션 업계에 종사하는 다양한 이들과 네트워크를 구성해.
시장
의류 회사
디자이너
사진작가
스타일리스트
캐스팅 매니저
모델
패션 업계의 전문가들과 협력해서 자신의 컬렉션을 만들고 미디어를 통해 홍보하지.
별로인데요. 모델이 몸을 영 못 쓰네.
자신의 디자인이 소비자에게 닿을 수 있도록 말이야.
구매
오, 이거 내가 찾던 옷인걸!

근데 잠깐, 미디어라면…
패션 잡지를 말하는 건가요?
아직도 패션 잡지가 팔려요?
인터넷 플랫폼, 그러니까…
웹사이트나
인스타그램이
더 빠르지 않아요?
맞아, 인터넷도 아주 중요한 역할을 하고 있지!
근데 패션 잡지를 보면 유행을 종합적으로 알 수 있어. 잡지는 컬렉션과 패션 경향을 소개하면서 보편적인 변화 (누가 언제 무엇을 입는지)에 대한 포괄적인 시각을 제공하니까.
작년에도, 재작년에도, 전에도 그랬듯 올해도 청바지가 유행일까? 분석해 본다.
시즌 트렌드
살펴보기
과감한 시도
대세템
시선 집중
인기 폭발
스테디셀러
평생 소장 각, 가방
드디어 만나다
이번 주의
머스트 해브 아이템!
패션 잡지는 오랫동안 여성에게 영향을 미친 매체이자 권력이기도 했어. 패션 여제로 불리는 다이애나 브릴랜드나 안나 윈투어 같은 패션 에디터들을 떠올려 봐도 알 수 있잖아.

* 프랑스 철학자 롤랑 바르트가 언급했다. 보편적인 변화란 사회적 변화, 문화를 반영한 패션의 지속적인 변화를 말한다.

오? 저는 디자이너가 처음부터 끝까지 모든 것에 다 관여하는 줄 알았어요.
근데 그게 아니네요. 게다가 어떤 것이 잘 팔릴지 아닐지는 미디어가 결정하는 거군요.
그렇다면 누구보다 빠르게 에디터에게 잘 보여야겠어요.
그렇지!
하지만 패션 산업의 핵심은 디자이너야. 디자이너 중엔 전설적인 인물들이 아주 많지!
전설적인 디자이너들은 고유의 스타일로 엄청난 영향력을 발휘하지. 이들이 패션 산업을 좌지우지한다 해도 과언이 아니야.
이 스트라이프가 내 디자인의 상징이지!
얼마나 클래식한지!
그런데 그들의 도움을 직접적으로 받을 수 있는 이들은 극소수잖아요.
정말 복잡하네.
내가 아는 젊은 디자이너 한 명을 만나서 좀 더 자세히 알아볼래?
그럼 좀 더 이해하기 쉬울 거야.
이거 신기하지! 하나 줄까?

실례합니다!
안드레아
안드레아, 잘 지냈어?
너희 브랜드가 일을 진행하는
과정을 살펴보고 싶어서 왔어.
오늘은 좀 한가해 보이네!
툭!
새로 이사한 쇼룸이
근사한데!
오!
비싸네···.
비쌈

과자… 아이스크림… 초콜릿… 당이 필요해요.
디자이너가 좀 힘들어 보이는군요.
부들부들 떨고 있잖아요.
?
패션이라는 게 무지 스트레스 받는 일이죠?
저러다 기절할 것 같은데.
그냥 좀 불안할 뿐이에요!
걱정도 되고
고민도 많이 되고요!
아, 네네. 그렇죠.
그런데 안드레아….

이번이 열 번째 쇼인데도, 왜 스트레스는 그대로 일까요?!
일정이 너무 빡빡해요. 끝없이 달리는 경주마 같아요!
돈도 많이 들고요!
S/S 시즌 제품도 다 안 팔았는데 F/W 시즌 제품 디자인을 마무리해야 하고,
그 다음 컬렉션도 벌써 생각해야 해요!
다른 브랜드랑 너무 달라도 안 돼요. 그럼 안 팔리니까요!
그렇다고 너무 똑같아도 안 되고요! 차별성이 없어 보이거든요.
끝이 없어요.
끔찍해요!
온몸이 부서질 것 같아요.
털썩
다른 사람들과 비슷하고 싶지만 달라 보이고도 싶어 하는 마음을 사회학에선 '최적화된 차별화'라고 불러.
이런 과정을 겪은 사람들이 성공 확률이 높다는 사실을 많은 연구가가 입증했지.

앞에서 이야기했듯이 창의력은 새롭고, 상품성 있는 제품을 만들어 내는 능력이야.
탈락! 검은 티셔츠는 너무 흔해.
안 팔리거나 팔려봤자 겨우 몇 장일걸?
이건 패스!
하지만 너무 새로워도 안 팔려. 안드레아처럼 작은 디자이너 숍에서 너무 새로운 시도를 하다가는 파산할 수도 있지.
그렇다고 누가 티셔츠를 치마로 입고 다니겠어?
이것도 안 팔릴 거야.
얘도 패스!
패션 업체들은 무엇을 만들어야 잘 팔릴지 예측해야 해. 하지만 그걸 어떻게 알 수 있을까? 이에 패션 업계는 섬유 및 의류 트렌드에 대한 정보를 주고받을 수 있는 프리미에르 비종, 아방텍스 같은 의류 박람회를 만들었어. 이로써 연쇄 파산과 재능 낭비를 막을 수 있었지.
트위드 Hall 2
직물 무늬 Hall 8
P 60
P 59
P 58
각각의 부스에서 현재 유행하는 컬러, 섬유, 무늬 등을 소개하는 거야.

이것도 너무 짜증 나요! 올해 의류 박람회에는 온통 줄무늬뿐이었다고요!
줄무늬!
줄무늬!
나는 줄무늬가 싫은데 어떡하란 말이야!
그럼 안드레아는 남들과 다르게 만들면 되죠!
이 세상에 길이 하나만 있는 건 아니니까요. 그렇죠?
엉엉
아이고.
토닥토닥
유행을 예측해서 고객에게 정보를 제공하는 WGSN, 넬리 로디, 페클레 등과 같은 트렌드 컨설팅 기업도 있어.
티셔츠 모양 스커트는 몇 년 후에나 먹힐 거예요.
그리고 블랙보다는 그린!
팬톤PANTONE 이 이미 올해의 컬러를 발표했거든요.
그렇지만…
저는….
사실 아무도 미래를 예측할 수 없어. 트렌드 연구자 제니 란츠가 말했듯이, '창의적 예측' 또는 사회 심리학적 현상의 하나인 '자기실현적 예언' 같은 메커니즘에 따라 트렌드가 생겨 나고 있지.
20년 후엔 끈 달린 버킷햇이 유행할 거예요.
기억해 두세요!
으윽….

* 미국 뉴저지에 있는 색상 전문 연구· 개발 기업으로 매 시즌 트렌드 컬러를 발표한다.

트렌드를 예측하고,
이를 디자인에 잘 녹여 내는 일이
디자인의 핵심이군요!
맞아. 디자이너는
자기 고유의 스타일을
지키면서 트렌드를
반영해야 하지.
그럼, 안드레아만의
스타일은 뭐예요?
그러게!
제 사명은 옷을 만드는 일이 아니에요.
전 지금 전쟁을 치르고 있거든요.
우리 브랜드의 상징인
유니콘 마크가 증명해 주죠!
유니콘은 성스러운 상징의 동물이자, 수호천사이자, 나의 단짝이에요.
이리 오렴, 유니콘!
나를 자신감으로 채워 줘!
유니콘은 마치 훌륭한 옷처럼, 고객이 스스로 멋지다고 느끼게 도와준답니다.

음, 아니면 우리 브랜드가 꽤 미래지향적인 스타일이라고 할 수 있겠네요.
이 라인의 단순함이야말로 제가 추구하는 거!
이건 화산 연구자 스타일이랄까.
혁명의 시기를 거치면서 아주 미니멀해졌죠.
출장
가봉
최종 제품 개봉
히히
시제품
촬영
미팅
매장 오픈
마술 같죠!
모두 다 제가 하는 일이죠.

유니콘은 시간의 초월을 상징하죠. 이러한 상징을 통해 순수함과 관능, 단순함과 화려함, 흑과 백 사이를 오가며 나의 이중성을 표현하고요.
그게 바로 제 전공이죠!
지금 제가 뮤즈로 삼은 인물은 블링블링함의 대명사 마리 앙투아네트랍니다!
다이아몬드를 대령하라.
저에게 여성은 정말 중요한 존재예요. 특히 남성이 만드는 패션에서 여성혐오 요소가 점점 줄고 있다는 점이 눈여겨 볼 만하죠.
찰칵
찰칵
찰칵
패션은 더 이상 남성이 지배하는 산업이 아니에요. 대형 패션 브랜드에서도 점점 여성 디자이너의 입지가 넓어지고 있거든요.
마린 세르
2017년, 신진 디자이너로 루이비통모에헤네시상을 수상해 국제적인 주목을 받음.
마리아 그라치아 치우리
브랜드 디올의 최초 여성 크리에이티브 디렉터.

맞아요. 많은 여성 디자이너들이 역사 속에서 지워졌죠!
그중 엘사 스키아파렐리 는 주제에 따라 컬렉션을 구상한 최초의 디자이너로 패션과 예술의 관계를 발전시켰어요!
혁신적이야!
충격적이야!
창의적이야!
스키아파렐리는 콘셉트가 명확했지!
그녀를 절대 잊어선 안 돼요!
안드레아~~~
ANDRÉA
내 사랑!!!
그럼, 당연하지.
?
어서…오세요.

* 엘사 스키아파렐리는 1930년대 최초로 아티스트들과 컬래버레이션 작품을 선보였다. 코코 샤넬과는 라이벌이었으며, 여성 디자이너 최초로 타임지 커버를 장식했다.

어떻게 지냈어?
자기 도움이 너무 필요해….
오늘 저녁에 비공개 공연이 있는데…
입을 옷이 없어.
나 뭐 입어야 할까?
털썩
마침 여전사한테 영감을 받은 신상이 있는데, 잘 어울리실 것 같아요.
빙글 빙글
너무 멋져. 환상적이야!
끝내주는데!
유니크하고
아주 시크해.
그래서 이 신상에 담긴 스토리는 뭐야?
어떤 사연이 있지?
일단 이 작품은 화산에서 시작했어요.
작열하는 마그마에서 영감을….

봤죠? 패션에서 스토리를 찾고 있어요. 패션의 스토리는 사람들에게 자신감을 심어 주죠.
옷이 잘 어울린다고 스스로를 설득하고 있잖아요!
살 거 같은데?
SNS에서도 이런 방식으로 흘러가는군요! 이제 패션이 어떻게 돌아가는지 알겠어요.
SNS의 흐름은 정말 빠르네요! 영혼을 담고, 이야기를 만들고, 이미지와 상징을 담은 콘텐츠를 주기적으로 게시하고요.
Instagram
게다가 팔로워를 모으고 유지해야 하지.
어머, 안드레아에서 새로운 원피스가 나왔네!
소재 정보는 아직 안 올라왔군.
한 시간 안에는 올라오겠지?
SNS에서 게시물이 노출되는 시간은 너무 짧아서 보는 즉시 시선을 끌 수 있어야 해.
오! 5시에 올라온 컬렉션엔 네온 컬러 있네!
내일은 또 뭘 업데이트 하려나?

또, 패션 인플루언서가 얼마나 중요한 역할을 하는지는 말할 것도 없지.
팔로워 여러분, 안녕하세요!
오늘도 톡톡 튀고 재밌는 영상으로 찾아왔어요.
웹과 SNS를 통해 명성을 얻은 패션 인플루언서들은
올해 제가 '패션닷컴 갈라쇼'에서 선보였던 룩에 뜨거운 반응을 보여 주셨는데요.
'더 보기'에 구매 링크를 올려 놨답니다!
자세한 사진은….
마케팅으로 특정 브랜드를 홍보함으로써 팔로워들의 구매에 영향을 미치지.
이 영상은 패션닷컴의 협찬을 받아 제작했는데요. 관심 있으시다면, 패션닷컴에 바로 접속하세요!
이게 바로 새로운 세대의 광고 방식이야.
프로모션 코드 FASHION54를 입력하시면 바로 10%를 할인받으실 수 있어요!
모두 득템하세요!

어쨌든 패션 업계의 구조는 높이 평가해야 해.
패션은 일 년에도 몇 번이나 혁신을 거듭하고, 입을 옷들이 가득한 소비자들도 새 옷을 사게 만드니까 말이야.
휴, 또 사야겠군.
어머, 맘에 들어!
이게 바로 계획적 진부화 의 산물이로군.
똑같은 검정 티셔츠를 작년보다 더 예쁘다거나, 질이 더 좋다는 이유를 대며 구매하게끔
오, 더 예쁜 게 나왔잖아!
이건 사야지!!!
2021년 SS 컬렉션
모든 판을 짜 놓는 거지.
그래, 예전에 산 티셔츠는 너무 낡았어.
그러니까 난 이 옷을 사도 돼~!
그래, 네 말이 맞아.
패션 업계는 오랫동안 계획적 진부화를 이용해 왔다는 비난을 자주 받았지.
하지만, 다른 업계에서도 이 전략을 자주 이용하기는 마찬가지야.

* 기업이 기존 제품을 의도적으로 진부하게 만들어, 제품의 수명이 다하기 전에 소비자가 새 제품을 사도록 유도하는 전략이다.

계획적 진부화에 대한
프랑스 여론은 좋지 않았어.
그래서 계획적 진부화가
2015년에 에너지
전환에 관한 법에 따라
최고 징역 2년 형 또는
30만 유로의 벌금형을 받는
범죄로 분류되기도 했지.

계획적 진부화에는 여러 유형이 있는데, 우선 기술적 진부화가 있어.
으악, 이 기기는 더 이상 지원하지 않는다고?
그럼 컴퓨터를 또 사야 하잖아?!

그리고 품질적 진부화 방식도 있고,
하! 젠장. 이 충전 케이블이랑 안 맞잖아?
다른 걸로 또 사야겠네.
유통기한을 이용해 새 식품을 사게 하는 진부화도 있어.
유통기한이 어제까지였네.
소비기한 은 2주 남았으니까 빨리 먹고 또 사야지.
마지막으로 심리적 진부화가 있지.
와, 이 바지는 이제 너무 촌스럽고 낡아서 못 입겠네.
더 볼 필요도 없겠어.
계획적 진부화는 낭비를 부추기는군요?
충분히 쓸 만한데도, 진부하고 노후된 것처럼 느끼게 만들어서요.
이건 환경에도 끔찍한 영향을 미친다고요!

* 유럽소비자센터CEC, Centre Européen des Consomamateurs의 2013년 보고서 참조.
** 소비기한은 음식 섭취 시 안전에 이상이 없는 기한을 말한다.

오 마이 갓! 베르사유 궁전에
내 드레스가 몽땅 사라졌어!
…
가자, 가자
도망가자….
펑!
드레스가 한 벌도 없다니!
짠!
폐하, 예전에 폐하께서
한 번 입으신 옷들을 그냥 버리지 말고
사람들에게 나눠 주라고 하셨사옵니다.
와! 그거야말로 낭비하지 않고 아름답게
해결하는 방법인데요? 빈티지가 또 빈티지가
되겠어요!

그럼 난 이제 어떡하라고? 로즈?
그렇다고 내가 그 사람들 옷을 입을 순 없잖아!
어찌하면 좋을까요. 폐하.
이거 참 난감하네요….

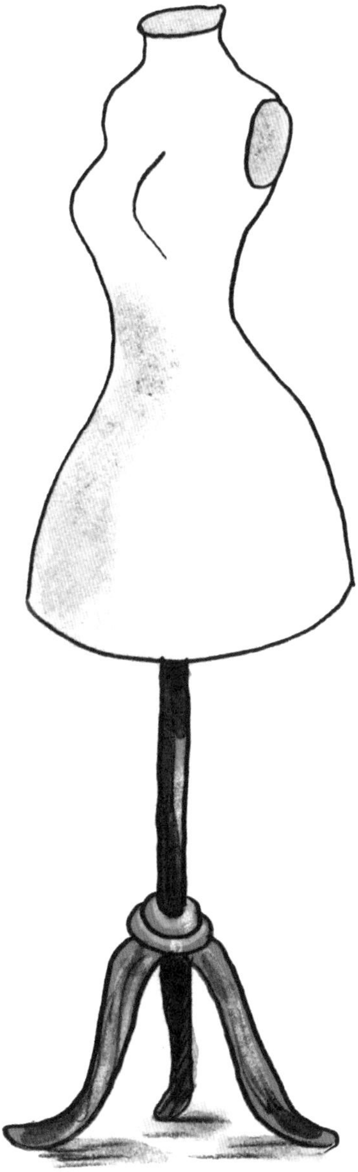

콰앙!
세상에!
환상적이었어!
방금 엄청난 걸
보고 왔어.

'패션 오브 투모로우' 의류 박람회에 초대받았거든. 지속가능하고 윤리적인 패션이 올해의 화두였지.
아, 그렇군요··· . 뭐 특별한 거라도 있었나 보죠?
의류 소비량이 지난 15년 동안에 2배, 20년 동안에는 4배 증가했다는 거 알고 있었어?
그런데도 매년 천억 벌 이상을 생산한대.
생각만 해도 아찔한 양이지.
그런데 생산되는 옷의 1/3 이상은 팔리지도 않았죠.
전체 생산량의 15%는 바로 쓰레기장으로 가고요.
그게 다가 아니에요! 옷장엔 안 입는 옷이 넘쳐나고, 한 사람당 매년 평균 12kg의 옷을 버리고 있어요!
우리가 즐겨 입는 청바지를 만들려면, 지구 한 바퀴 반 이상을 돌 만큼의 에너지가 필요하대요!

* 출처: 슬로우위아SLOWEARE.

그래, 청바지…. 패션이 환경에 미치는 영향에 대해 이야기할 때마다 빠지지 않는 아이템이지. 섬유가 환경에 미치는 악영향을 상징적으로 보여 주는 좋은 예이기도 하고.
청바지는 편하지만 쉽게 망가지지 않아 오래 입을 수 있으니 상대적으로 친환경적이라고 생각하기 쉽지.
올해 들어 58번째로 사는 옷이긴 하지만 질이 좋으니 오래 입을 수 있겠다!
그렇지만 단 한 벌의 청바지를 만드는 데는 물 7,500리터가 필요해.
쇼핑도 했겠다, 물 1,500리터로 만든 소고기 패티가 들어간 햄버거 먹고 체력 회복해야지!
청바지 원료인 목화를 재배하는 데 사용하는 살충제와 염색을 할 때 쓰는 염료, 세탁 세제는 독성이 강한 화학 물질이야. 그 위험성은 말할 것도 없지.
이 아름다운(?) 강물 색깔 좀 봐!
이러한 화학 물질로 인해 생태계는 이미 눈에 띌 정도로 파괴되고 있어.

중국에서는 상수원의 70%가
패션 산업 때문에 오염됐어요.
어허, 그렇다고 해서 패션이 이 재앙의 유일한
죄인이라고 할 수는 없다고!
하지만 여러 산업 가운데
패션 산업이 가장 심각한
환경 오염을 일으킨다고
종종 들었는걸요.
패션이 환경 오염의 주범으로 몰렸군.
그럼 우리가 뭘 할 수 있는데?
예를 들면 구제 옷을
입으면 되죠!
음, 그럼 할머니처럼 입고 다녀야 할걸?
나 원 참.
그런 뜻이
아니잖아요!
구제 옷 매장에는 60년대 옷이나 낡아 떨어진
옷만 있는 것은 아니라고요!
오, 꽤 괜찮네!
예전엔 훨씬
더 근사했겠는걸!
구제 옷 매장에서는 되팔 수 있는 옷들을
선별하니까요.
헉, 안감을 봤어야
했는데….
이런….

게다가 요새 최근에 생산되었거나 상태가 좋은 옷, 심지어 새것과 다름없는 옷도 많아요. 옷도 갈수록 다양해져서 모두가 취향과 예산에 맞는 물건을 찾을 수 있죠.
내가 득템한 거 좀 봐 봐!
이것도 구제 매장에서 산 거야!
난 온라인 구제 쇼핑몰에서 샀어!
오, 이거 내가 찾던 거랑 똑같네.
가격도 괜찮은데?
하지만, 구제 옷 매장은 일반 매장과는 달라요. 뜻밖의 좋은 옷을 발견하려면 시간을 투자해야 하죠.
후… 두 시간 동안 다섯 벌 구했네.
구제 옷을 구매할 때는 새 옷과 비슷할 거라는 기대는 버려야 해요.
휴….
이 검은 티셔츠는 이 사람 저 사람이 열 번씩은 입은 것 같네!
그리고 일반 매장과 다르게 사이즈가 다양하지 않고, 재고도 대부분 한 장밖에 없죠.
이게 XL사이즈라고? 장난해?
완전 사기네. 팔 한 짝도 못 끼워 넣겠는데!

하지만 또, 이 방법이 환경 문제를 근본적으로 해결할 수 있겠냐고 누군가 묻겠죠?
그래요.
물론 이게 단기적인 해결책이라는 건 저도 알아요.
더군다나 요즘 옷은 질이 안 좋아서 60년대 만들었던 옷처럼 오래 입을 수 없죠.
오, 이런… 차라리 구제 옷 매장에서 사는 게 낫겠어.
벌써 너덜너덜하네.
옷의 수명이 다할 때까지 재활용하고, 옷장 속 옷을 활용하는 '의생활 제로웨이스트'를 실천하는 방법도 있지만, 이것만으로는 부족해요. 소비자들도 여러 방면으로 해결 방안을 찾고 좀 더 적극적으로 행동해야 해요.
그래, 이 정도면 충분히 오래 입은 거겠지?
그나저나 이 옷더미 좀 봐.
이러다 깔려 죽겠어!
최근에는 자신이 소비하는 제품이 어디서 왔는지 궁금해하는 사람들이 늘어나고 있죠. 자신이 입는 옷을 누가, 어디서 만들었는지 알고 싶어 하거든요.
내 책임도 있어. 옷장에 옷은 점점 쌓여 가는데 뭘 사고 있는지조차 모르니 말이야.
이 옷은 어디서 만든 거지?

패션 산업은 전반적으로 정말 비합리적이에요. 그나마 다행인 건 '슬로우위아'와 같은 단체나 소비자들이 있다는 거예요.
어서 오세요!
안녕하세요!
저희는 슬로우위아에서 왔어요.
윤리적 패션에 관한 멀티미디어 사이트를 운영하고 있죠.
소비자들에게 다양한 친환경 패션 브랜드를 알리겠다는 것이 저희 활동의 취지예요. 슬로우위아는 의생활을 단순하고 편리하게 만들고, 소비자가 인간과 환경을 존중하는 브랜드와 의류 매장을 찾을 수 있도록 돕고 있답니다.
SLOWEARE
신뢰할 수 있는 친환경 패션 브랜드
친환경 패션 인증을 받은 브랜드
환경을 생각하고 실천하는 브랜드
기사
최신 기사와 참고 자료
정말 멋진걸요!
커뮤니티
착한 패션을 위한 도움을 나누는 모임
이벤트
체험 수업, 모임, 친환경 패션

‘친환경 패션’ 인증을 받으려면 몇 가지 조건이 있답니다!
우선 노동자의 인권을 존중하고 적법한 노동 조건을 제공해야 하죠. 의류 노동자 중 80%는 여성이고 저임금에 착취당하고 있거든요.
드ㄹㄹㄹㄹ 드ㄹㄹㄹㄹ 드ㄹㄹㄹㄹ
2013년 1,138명의 사망자를 낸 방글라데시의 라나 플라자* 붕괴 사고 이후, 과잉 생산과 과잉 폐기는 패션 업계의 심각한 문제점으로 인식됐답니다.
끔찍해!
아직도 핏자국이 남아있는 듯해.
또, 의류업체가 옷을 만들 때 쓰는 자원과 환경에 미치는 영향에 대한 관심도 더욱 높아졌죠.
어쨌든 이 안에 석유는 안 들어갔겠지.
이건 분홍색이니까!
그리고 동물 복지 문제도 고려해야 해요.
짠!
유기견 보호소에서 입양했어!
동물 보호 단체 ‘페타PETA’** 는 모피 반대 운동을 통해 그들의 생각을 알리고 있죠.
PeTA
이게 바로 모피를 벗긴 동물의 모습입니다!

* 패스트 패션 브랜드를 포함한 대형 의류 브랜드에 납품하는 의류 생산 공장.

** 페타PETA, People for the Ethical Treatment of Animals.

물론 천연 원단을 우선으로 사용해야 해요.
우리는 80년대부터 유기농 순면 티셔츠만 만들고 있죠.
공정무역을 통해서요!
재활용을 장려하고, 오래된 옷으로 새로운 섬유를 만드는 법을 연구하는 것도 또 다른 방법이죠.
최근에 저희가 만든 원단이에요. 팬티를 재활용하여 순수 섬유만 추출해 만들었죠.
만져 보세요!
티셔츠로 만들면 정말 예쁘겠죠?
오래된 옷을 그대로 이용해 다른 옷을 만들 수도 있고요!
이제 좀 더 혁신적인 개발을 하려고요. 새 옷을 만들기 위해 섬유를 뽑아낼 필요가 없죠.
!
이게 바로 업사이클링!
옷감에서 풍기는 세월의 흔적은 또 다른 멋이죠.
업사이클링 기술은 날이 갈수록 발전하고 있고 이제는 널리 확산시켜야 할 때가 됐어요.
업사이클링이 새로운 아이디어는 아니지만, 이제는 당장 실천에 옮겨야 합니다.
하지만 패셔너블하게 만들어야 소비자들이 찾을 거예요.

또, 일자리를 지켜야 하고
40년 동안 일했던 분도 계시고
올해는 청년 40명을 새로 뽑았죠!
노하우도 지켜야 해요!
미슐린이 어떻게 하는지 잘 봤지? 나중에 자네가 할 일이니 잘 기록하게.
이뿐만이 아닙니다. 과잉 생산을 경계하고, 합리적으로 생산해야 하죠.
자 이것 봐. 우리가 이번 봄에 생산한 제품이야.
딱 필요한 것만 생산하는 단출한 컬렉션이지.
그리고 이 옆에는…
같은 기간 동안 패션 업계가 생산한 제품들이야.
우리가 얼마나 친환경을 추구하는지 알겠지?

하지만 정보가 투명한 옷, 생산 과정을 쉽게 알 수 있는 옷, 로컬 패션 브랜드 옷은…
많이 비싸잖아요!
고가라고 생각할 수 있지만, 적절한 값을 지불하는 것일 뿐이에요.
디자인부터 생산까지, 전체적인 제작 과정을 살펴보면 생각이 달라질 거예요.
친환경적이고 투명한 과정을 거쳐 만든 옷은 품질이 좋아서 오래 입을 수 있죠.
1년 뒤
5년 뒤
10년 뒤
소비자는 이런 옷이 많이 비싸다고 생각할 수도 있지만, 오래 입지 못하는 값싼 옷을 여러 벌 사 입는 비용과 비슷하답니다.
6시간 뒤
3일 뒤
3주 뒤

이것이 바로 오늘날 소비자에게 기대하는 바이기도 해요.
합리적이고, 책임 있고, 일관성 있고, 환경과 함께하는 현명한 패션 소비!
저희는 친환경 패션이 규범화 되기를 바라고 있어요!
이를 앞당길 최선의 방안은 법적 제도를 마련하는 것이죠.
드디어 우리가 원하던 그 섬유를 쓸 권리가 생겼어요!
하지만 기술 발전에도 힘써야 하고, 더 효율적인 생산 기술을 마련해야 해요.
어떻게 쓰레기를 더 잘 관리할 수 있을까?
이 낡은 쪼가리들로 뭘 할 수 있을까?
슬로우 패션이 '힙'하다고 홍보하는 것도 좋은 방안이죠.
미셸린, 이 옷 정말 힙한데요!
깔끔하고, 게다가 오래 입을 수 있겠어요.
호호…
돈벌이가 되겠는걸요.
물론 시간이 꽤 걸리겠지만, 지금도 조금씩 바뀌고 있어요.
저흰 확신해요!
슬로우 패션 VS 패스트 패션
과연 승자는?!

로즈, 뭔가 느낀 점이 많지?
…
그나저나 갈아입을 옷 좀 빨리 가지고 왔으면 좋겠어. 몇 시간째 똑같은 옷이잖아.
네, 폐하….
이젠 슬슬 질리기 시작했다고.
쩝쩝

악!
이 구시대의 유물! 이거나 받아라!
살려주세요!
살려주세요!
찰싹
아직 우리가 다뤄야 할 주제가 남았어. 바로 '마네킹 몸매'야!
마른 몸매 인형은 다 플라스틱으로 만들었네.
모델에게 '마네킹 몸매'를 요구하는 것이 사회 문제로 떠오르자, 대형 패션업체에서는 문제의식을 느끼고, 너무 마른 몸매의 모델들은 무대에 세우지 않겠다고 선언했어.
거식증이 너무 심해.
2kg이나 빠졌어.
너무 어려.
3개월 뒤에 다시 오세요.
이제는 다양한 인종, 체형, 나이대의 모델들이 활동하게 됐지.
인터넷만 봐도 알 수 있어.
점점 나아지고 있지만, 글쎄요.
글래머
통통이 뭐 어때서?
대중 매체를 통해 보이는 비현실적인 몸매, 매끈한 피부가 하루아침에 사라지지는 않겠지만 말이야!
호오!
대박인데!

오늘날, 남녀 모델들은 디자이너의 옷을 입고 패션쇼 무대나 잡지, 대중 매체에 나타나지.
워킹하면서 셀카를 찍기도 하죠!
모델은 가장 인기 있는 직업 중 하나가 되었어. 많은 청소년들이 모델을 꿈꾸니까 말이야.
LOVE
자신감이 대단한데? 이러다 진짜 모델 되겠어!
역사학자들은 고대 예술가가 신체를 표현하는 작업을 할 때, 도움을 주던 사람들을 오늘날 모델의 기원이라고 말해.
헐! 4년 동안이나 같은 자세로 서 있다니!
대단해!
모델은 예술가뿐만 아니라 작가에게도 많은 영감을 주었어. 소설가 오노레 드 발자크도 모델을 소재로 한 소설을 썼지.
모두 앞에서 알몸으로 포즈를 취해야 한다고 생각해 봐!
게다가 늙은 심사위원들이 너에 대한 평가를 쓴다고….

* 오노레 드 발자크가 모델을 소재로 삼아 쓴 소설《미지의 걸작Le Chef-d'oeuvre inconnu》은 자크 리베트의 영화 〈누드 모델Belle Noiseuse〉에 영감을 주기도 했다.

프랑스어로 '모델'은 '마네킹mannequin'이라고 해. 고대 시대 모델의 기원에서 유래한 것으로 알려져 있지.
내가 아는 마네킹과 다른걸?
'마네킹'에는 또 다른 의미가 있는데, 우리가 흔히 알고 있는 '옷을 전시하기 위한 상반신 모형'을 뜻하기도 해.
아, 이거야말로 모델이나 다름없군!
영어에도 '마네킹mannequin'이라는 단어가 있어. '움직이지 않는 모형'을 뜻하지. 한마디로 프랑스어 '마네킹'은 영어의 '모델'과 '마네킹' 두 단어의 의미를 모두 포함한다고 할 수 있어.
안녕하세요?
그만둬!
모델은 절대 먼저 말을 걸지 않는 법이야!
일부 패션 매장에서는 '마네킹'의 이중적 의미를 이용해서, 쇼윈도에 모델을 마네킹처럼 세우기도 해. 사람들의 관심을 끌 수 있으니까.
제가 우리 제품을 돋보이게 할 새로운 아이디어를 구상했습니다!
오! 쇼윈도에 살아 있는 마네킹을 세웠군요.
하지만, 성적 대상화하는 것을 지적하는 이들은 이러한 마케팅을 비판하지.
너무 신선해!
암스테르담의 추억이 떠오르는군.

어쨌든, 모델이라는 직업은 역사적으로 인식이 좋진 않았지. 19세기 말에 지금의 모델과 같은 직업이 최초로 등장했어. 디자이너의 옷을 입고 고객에게 선보이는 직업이었는데, 여성만 이 일을 했지.
어머!
오오!
모델은 자신의 체형을 고객의 체형에 맞춰야 했어. 그래서 모델을 프랑스어로 '꼭 닮은 사람', '판박이'를 뜻하는 '소지sosie'라고도 불렀지.
?
자네가 입은 옷은 내가 살 일이 절대 없겠군!
사람들이 모델의 몸을 함부로 만질 수도 있었어.
울랄라
이건 어때요?
놀랍네요!
빵빵!
사야 겠어요.
어머, 부드럽기도 하지!
훌륭한 소재네요!
옷감이 아름다워요!
이처럼 최초의 모델은 자기 몸에 대한 자유가 없었어. 그래서 사회에서는 매춘부보다도 낮은 계급이었지. 많은 모델들이 자신의 직업을 숨겼어.
그만! 날 함부로 만지고 주무르는 건 이제 참을 수 없어!
내가 더럽혀진 것 같아!

그런데 최초의 모델은 찰스 워스의 부인, 마리 베르네 아니었나요?
맞아, 맞아. 아이러니하게도 그랬지!
펑!
아니 그런데!
'마네킹'은 뭐고, '모델'은 또 뭐죠?
이미 우리 시대에도 옷을 대신 입어보는 '가봉원essayeuse'이 있었다고요!
찰스 워스라는 작자는 아주 거만하기 짝이 없군요!
이미 예전부터 있었던 것들을 자기 거라고 우기다니!

물론 우리 시대에 잡지는 없었죠.
여왕
궁정의 부인
새로운 옷감
여왕처럼 입기
왕이 좋아하는 스타일
가봉원이 출장을 다니지도 않았고요.
겨우 보름 동안 떠나는 여행인데 짐 가방이 148개…. 이게 웬 난리야!
대신 이것을 이용했어요.
적어도 르네상스 시대부터 그랬을걸요?
오잉?
이게 뭔가요?
판도라 인형이에요. 패션을 전파하는 인형!
무슨 초능력이라도 있나요?
꺄!
아야!

이야기를 다시 이어 가자면…. 20세기 초, 우리가 아는 마네킹이 전 세계적으로 등장하기 시작했어요.
초창기에는 진짜 사람처럼 보이게 하려고 나무나 플라스틱이 아닌 밀랍으로 만들었죠.
그러나 사진 기술이 발달하고 잡지가 등장하면서 모델이란 직업이 급부상했어요.
흠흠!
나는 모두의 취향에 영향을 미치죠.
잡지 모델은 좋은 가문 출신이 많았지만, 그에 비해 패션쇼에 서는 모델은 평민 출신이었죠.
이봐! 무대로 썩 꺼져!
싸구려 잡지에나 나오는 주제에!
잡지 모델은 고객의 체형에 몸을 맞출 필요가 없었어요.
대신 그들의 체형은 시대의 기준에 따라 변했죠.
'시대가 체형을 바꾼다'고?!

20세기 초부터 1970년대까지는 글래머러스한 몸매를 선호했고,
2000년대에 들어서는 모델에게 마른 몸매를 요구하기 시작했어요. 젊은 여성들은 이런 모델의 모습을 모방했고, 이는 끔찍한 결과로 이어졌죠.
2006년 모델 아나 카롤리나 레스톤의 죽음으로 전 세계는 문제를 인식하기 시작했고, 패션 산업은 혼란에 빠졌죠. 스페인은 너무 마른 모델이 쇼에 서는 것을 법으로 금지했어요.
해골처럼 마른 모델은 살을 찌워야 할 겁니다.
TV MEDIA
많은 나라들이 스페인의 행보를 뒤따랐어요. 프랑스는 2017년부터 보건법에 따라 지나치게 마른 모델을 쓰는 디자이너에게 벌금을 부과하기로 했죠.
“광고주의 요청에 따라 포토샵으로 보정한 모든 광고 사진에는 ‘수정된 사진’이라는 문구를 게시해야 한다.”
“프랑스에서 활동하는 모델은 2년마다 양호한 건강 상태를 입증하는 진료확인서를 제출해야 한다.”

모델 업계에서 벌어진 마른 몸매와의 전쟁은
여성의 몸을 표현하는 방식을 근본적으로 바꾸려는
운동으로 전개되었어요. '바디 포지티브Body Positive'
운동은 모델들이 획일화된 미의 기준에서 벗어나
신체 사이즈, 나이, 인종에 구애받지 않고 다양한
모습으로 패션쇼에 설 수 있게 하자는 취지로
시작되었답니다.
찰칵!
찰칵!
찰칵!
찰칵!
찰칵!
찰칵!

이 운동은 SNS를 중심으로 빠르게 퍼져 나갔고, 모델의 표준을 바꿨을 뿐만 아니라 사람들에게도 자신의 모습 그대로를 사랑하는, 즉 '자기 몸 긍정주의'를 심어 주는 계기가 됐어요.

빅 사이즈 모델부터 트렌스젠더 모델까지…
엄청난 발전인걸요!
성별에 대해 말하자면…
예전에는 성별 구분이 뚜렷했는데, 이제는 점점 희미해지고 있죠.
응? 그게 무슨 말인고?
오래전부터 여성도 남성복을 입고 있었으니까.
어머나!
저희는 무법자입니다! 폐하!
얼마 전부터는 남성도 성별의 경계를 뛰어넘기 시작했지.
이거 정말 편하잖아?
에구머니나!
맞아요! 과거에는 성별을 확실하게 구분해야 했지만…
지금은 달라요.
이제 그러면 촌스럽죠!
어머나!

맞아. 하지만 이러한 변화에 사회적 반감이 강한 것도 사실이야. 성차별주의적인 반응도 있지.
이렇게 입고 다니면 남자들이 귀찮게 하는 일도 없는데 말이야.
근데 사람들이 나보고 좀 꾸미라고 한다니까?
절대 그럴 일은 없을 테지만요.
프랑스 국회에서도 성차별적인 에피소드가 여럿 있었어. 2012년 국회의원 세실 뒤플로가 꽃무늬 원피스를 입고 등장하자 다른 하원의원들이 조롱하며 야유를 보낸 것처럼.
우우!
후후!
벗으슈!
치마나
하하하
저는….
우우!
우!
하하하!
그녀가 입은 원피스는 '사회가 바라는 올바른 옷차림'이라는 전시회에서 장식 예술 작품으로 전시되었어. 정치계 성차별을 상징하게 되었지.
이게 그 불미스러운….
이 원피스요? 아니면 당신 태도요?
어, 그러니까….
한심하기는!
여성은 원하는 대로 입을 자유를 위해 여전히 투쟁하고 있어. 남성들도 자신의 옷차림에 큰 변화가 일어나고 있다는 사실을 알아야 해.
그렇긴 해도 우리 남성들은 선을 지킨다니까요.
으휴….

흠… 슈트가 설 곳이 사라지고 있어!
수 세기 동안 위엄을 뽐내며
남성복의 왕좌를…
꿋꿋이 지켜 왔는데….
?
털썩!
지금 이렇게
밀려나고 있다고.
토닥 토닥
미국에서는 1990년대에 금요일을 '캐주얼 프라이데이'로 지정해 평상복을 입고 출근하는 문화가 자리 잡으면서 슈트 판매는 급감했지.
처음에는 일주일 중 하루만 캐주얼 데이로 정했는데, 이제는 다른 평일에도 적용하고 있어.
트레이닝복이 출근 복장이라니, 상상이나 했겠어?
미국인들만 할 수 있는 발상이라고.
정말 천재인듯.
지금 와서 바꿀 필요가 없잖아?
이렇게 편한데!
미국 실리콘 밸리 유명 인사들의 자유분방한 스타일은 할리우드 스타들의 영향력과 합세해 전 세계적으로 퍼져 나갔지. 결국 '오피스 룩'에 대한 고정관념이 깨지기 시작했어. 이러한 변화는 세대가 바뀌고 있는 것을 보여 주는 현상이기도 해.
설마 그렇게 입고 미팅 갈 건 아니지?
우리 때와는 달라도 너무 다르잖아!
저는 괜찮은데, 무슨 문제라도 있나요?

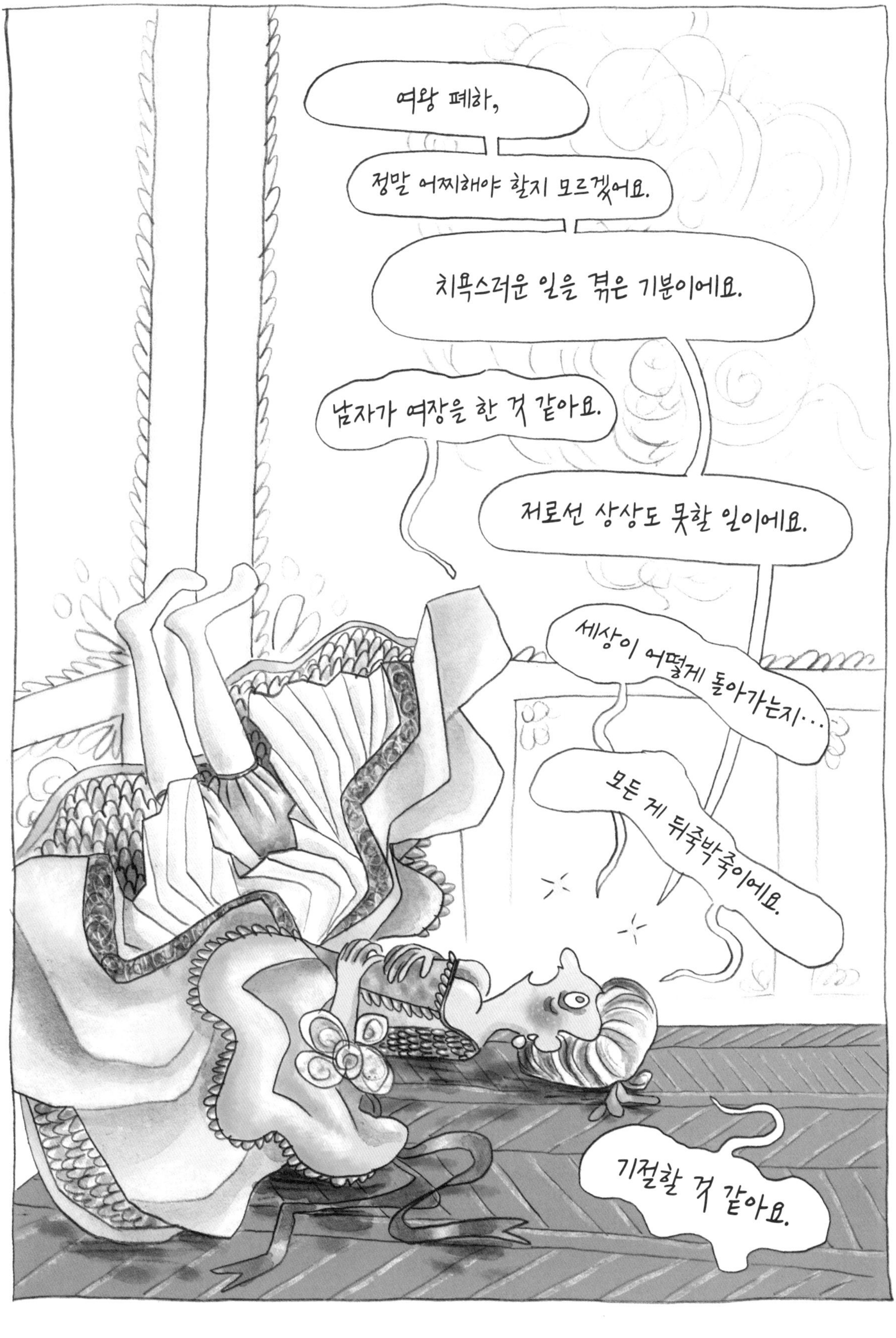
여왕 폐하,
정말 어찌해야 할지 모르겠어요.
치욕스러운 일을 겪은 기분이에요.
남자가 여장을 한 것 같아요.
저로선 상상도 못할 일이에요.
세상이 어떻게 돌아가는지…
모든 게 뒤죽박죽이에요.
기절할 것 같아요.

로즈, 창문 열고…
바람 좀 쐬자!
힘든 길이 아직 더 남아 있으니까!

조에, 미래에는 어떨까?
미래 말이야!
미래에 대해서 얘기하자.
먼 미래를 예상해 보자고!
안드로이드와 하늘을 나는 자동차가 우리를 기다리고 있어.
세상에… 얼마나 불안하고 두려울까!
이미 2020년도 지났는데 그런 건 없더라고요. 있으면 말씀드릴게요.
선생님 취향은 레트로 퓨처리즘이지만, 그건 이미 한물갔어요. 잊으세요.
온난화로 지구가 들끓는 지금, 세상을 지배하는 건 바로 고양이 영상이라고요.
그래, 네 말이 맞지만 어쨌든 패션의 미래는 중요한 문제야. 단순히 스타일의 문제만은 아니라고!
자외선 증가로 인한 눈 보호대.
해수면 상승으로 래시가드가 유행할 전망.

그렇지만 앞으로 패션 산업의 구조,
나아가야 할 방향,
패션 산업과 소비자의 관계를 생각해 볼 필요가 있죠.
나 역시도 그렇게 생각한다네.
지금 패션은 어디로 가고 있지?
답을 찾아야 해!
아, 그렇구나.
그걸 우리가 알 수 있을까요?
패션의 미래는 곧 정치이자 윤리라고! 앞으로는 권력이 어떻게 재분배될까?
미래에도 패션에 생산성 지상주의가 계속될까? 지금은 창의적인 인적 자원과 재정 자원이 몇 개의 도시에 집중되어 있잖아.
생산자와 소비자
과연 누가 권력을 차지할 것인가!
드르렁
쿨쿨
친환경 패션
SNS 덕에 확산한 '바디 포지티브'
그리고 이제는 여성의 신체 노출을 줄인 정숙한 패션이 유행하고 있지!
?

그래, 지금 유럽에서는 '모디스트 패션'이 열풍이야!
옷감은 더 많이 쓰고
돈은 더 벌자!
떼돈을 벌 기회야!
모디스트 패션을 종교적으로 홍보하는 기사나 포스팅을 잡지와 SNS에서 종종 볼 수 있지.
유명 브랜드에서도 모디스트 패션을 내놓아 유행에 가세하고 있어.
천재적이야!
비쌈
옷감을 많이 사용하는 만큼
창의력도 마음껏 발휘할 수 있었지!
이제는 기존의 마케팅 방식에 머무르지 않고 브랜드 입지를 확실히 다지기 위해 SNS 등을 활용하고 있어.
페이스북에서 반응이 어떨지 지켜보자고.
슉
그리고 데이터를 수집할 수 있는 방식의 광고를 다양하게 개발해 진행하고 있지.
오! 투표도 수 있네?
나도 투표해야지!
이렇게 하는 이유는 소비자들에게 매 시즌 제품을 구매하게 하고 판매량을 늘려야 하기 때문이야.
세상에!
ACHET
283€
지난주에 내가 투표한 그 옷이네!

제법 머리를 썼군요.
권력은 소비자들에게 있지만 이득을 보는 건 업계잖아요!
그래도 소비자의 영향력이 늘어나면서 패션 브랜드들은 민감하게 반응하고 있어. 심지어 제품 출시 전에 디자인에 대한 의견을 묻기도 하지.
분홍색 셔츠에 대한 고객님의 제안에 따르고 싶지만….
이미 시장에 넘칠 대로 넘쳐서….
디자이너들은 소비자의 욕구를 만족시킬 수 있도록 발 빠른 대처를 해야만 해. 하지만 자칫하면 창의력을 잃을 수도 있지.
흰 종이만 보면 막막해.
소비자냐, 창의력이냐, 그것이 문제로다.
당장 쇼까지 보름밖에 안 남았는데….
예전에는 신제품을 1년에 2번, S/S 와 F/W 만 준비하면 됐는데, 지금은 1년에 5번이나 준비해야 해.
정신 나갈 것 같아!

패스트 패션 기업들은 옷을 발 빠르게 만들어 끊임없이 신제품을 선보이고 있지. 그래서 어떤 디자이너들은 빠른 생산 속도를 따라가다가 번아웃을 겪기도 해.
나의 죽음을
사람들에게 알려라.
1년에 5번이라니! 거의 날마다 새 디자인을 내야겠네요!
친환경
과잉 생산
얼마나 모순적이에요!
게다가 독창적인 걸 만들어 내야 하지.
근데 만들 수 있는 모든 스타일은 이미 나왔던 거니까, 결국 재창조해야 하는 거야.
여기저기서 죄다 80년대 스타일만 재현하는데 너무 지겹다고요!
수만 번은 본 것 같아요. 이제 그만!

현재 상황에서 창의적이고 효과적인 유일한 대안은 가까운 과거의 유행을
계속 반복하는 것뿐일지도 몰라.
폐하! 폐하는 1980년대 패션을 좋아하세요?
언젠가 제 뮤즈가 되어달라고 부탁드린다면 뭐라고 답하실 건가요?
?

이번엔 패션에서 개인이 차지하는 지위에 대해서도 생각해 보자.
글쎄, 이게 뭐가 중요한지 모르겠구나. 나는 항상 관심의 중심에 있었으니 말이다.
유행은 '모방'과 '차별화'라는 두 가지 특성을 갖고 있는데, 최근에는 새로운 키워드가 등장했어.
사회 계층의 구분은 점점 희미해지고, '개인'이 부각되고 있지.
폐하 ….
참으로 안타까운 일이야.
왕비님의 허리는 가난한 평민의 허벅지보다 가느다랍니다.
바로 초개인주의 현상이라고 하지!
그들은 자기만족을 위해 패스트 패션부터 빈티지에 이르기까지, 다양한 스타일로 독창적인 룩을 만들어 내지.
네가 아주 적절한 시기에 나를 찾아왔구나.
너를 내 정식 스타일리스트로 임명한다.
둘이면 너무 많은 것도 아니지.

이러한 추세에 따라 개인 스타일리스트도 점점 늘어나고 있어.
어머, 엄청 많네요! 어디서 다 사 왔어요?
한번 살펴볼까요?
그들은 뭐가 돈이 되는지 직감적으로 알아.
자, 제가 알아서 다 입혀 드릴게요.
유행에 전혀 뒤처지지 않아요!
하지만, 이건 당신만의 스타일이죠!
고마워요, 선생님….
점점 더 감각적이고 세련된 취향과
제가 애정하는 아이템은 바로 운동화죠.
파란색도 있고
초록색
노란색도 있죠.
못생긴 애들도 있어요.
희귀성을 추구하는 컬렉터들처럼!
저는 특히 1993년에 판매된 배드민턴화를 전문적으로 수집한답니다.
1993년에 많은 모델들이 나왔거든요.
다른 때였으면 구하기 힘들었을 거예요.

‘미래’ 하면 기술과 혁신에 대해서도 다뤄야지!
찰칵
찰칵
가상 현실, 메타버스에서도 패션쇼를 개최할 수 있어.
찰칵
새 옷을 갖다 대면 입은 모습을 바로 볼 수 있는 마술 거울을 개발해도 좋겠다!
!
트렌드를 예측하는 데 인공지능을 활용하는 건 어떨까?
“올해는 꽃무늬가 유행할 것입니다. 향후 100년도 마찬가지입니다.”

"향후 200년도 마찬가지입니다."
정확해!
이거 정말 신기한 기계로구나!
하지만, 이러다 정신 못 차릴지도 몰라요!
가능성의 범위는 끝이 없잖아요.
어디까지 가능할지를 어떻게 확신하고 예측하겠어요?
우리가 미래에 대해 예언할 수는 없지.
미래는 예측 불가능하니까!
프레데리크 선생님, 모든 것이 너무 빠르게 변해요.
우리는….

우리는 급변하는 환경 속에서 한치 앞도 내다 볼 수 없는 불확실성 시대에 살고 있어.
하늘을 나는 자동차도 안 되는 걸까?
선생님, 미래에서는 우리 책도 이미 한물간 책이 될지도 몰라요.
이런, 안돼!
진정하고 천천히 생각해 보자고요.
그렇지만 세상은 너무 빠르게 변한다고!
그건 인정해야 해!
지금은 모든 것을 예측하는 것도, 통제하는 것도 불가능해요.
이 책 한 권으로 패션의 미래에 대한 연구를 끝낼 순 없어.
책을 더 써야겠어.

여봐라!
다들 어딜 간거야?
로즈!

바로 여기야!

오! 모두 VIP들이야!
여길 다시 오다니.
떼 지어 다니는 동물도 아니고
동물원이 따로 없네!
자기 소장품 중 가장 세련되고 멋스런 아이템들을 걸쳤군!
찰칵
찰칵
찰칵
찰칵
찰칵
찰칵
모두들 자기가 할 수 있는 가장 대범한 룩을 선보이나 봐!
어쩜 저리도 아름다운지 ….
암요, 사진에 찍혀야 하니까 그렇게 하겠지요.

평소에도 저렇게 입고 다니는 건가?
어머 이건 뭐야?
저 사람들 이야기만으로도 한 챕터는 충분히 채우겠는걸.
자, 초대장 여기 있어요. 됐죠?
에휴….
빡빡하게 굴지 말고 얼른 들여보내 줘요!
이거 봐요!
끙
끙
초대장 베껴 만드느라 밤새웠단 말이에요!
하하, 무서울 게 없는 사람들이군.
난 센스 있게 패션을 연구하는 사회학 박사라고 말했지롱.
사회학 박사라….
자, 어서 가자. 재미있겠어!

자, 봐! 패션쇼 무대 뒤의 모습이야.
다들 정신없는 혼돈 그 자체지!
쇼는 한 시간 후에 시작이고,
그 전에 마지막 준비를 하는 거야.
모델들은 화장도 하고.
오! 저기 안드레아도 있다!
스트레스를 너무 많이 받았나봐.

자리 차기 전에 빨리 가서 앉자. 패션쇼 좌석은 그 사람의 중요도에 따라 배치해.
우리 자리는 저 뒤쪽이군.
저기 봐! 세상에서 가장 큰 잡지사의 편집장이야.
저분은 옷을 영 못 입는 것 같은데요?
근데 여기 있으니까 꼭 축구장에 있는 거 같아요.
핫도그 같은 건 안 파나요?
너무 더워요.
아무것도 안 보여요!
언제 시작해요?
혹시 물 있어요?
언제까지 기다려야…
BOUM BOUM BOUM BOUM
오, 시작한다!
우와아아아

오오 오오오 오오!
끝내준다!

굉장해!
놀라워!

저기 안드레아야!
쇼가 끝나고 인사하러 나왔나 봐.
근데 완전히 술에 취한 사람 같은데?
드디어 안드레아가 휴가를 떠날 수 있겠군요!
근데 아마, 2060년 쇼 후에나 갈 수 있겠죠?
안드레아!
안드레아!
우리가 안 보이나 봐요.
당연하지. 지금 취재진에게 둘러싸여 엄청 바쁘잖아. 우리랑 다른 세계에 있는 것 같군.
마리 앙투아네트
미래를 표현…
영감을 받아
찰칵
찰칵
찰칵
찰칵
다 끝났군.
에이, 뭐가 이렇게 빨리 끝나.
이제 그만 가자.
어째, 점점 멀어지네….

안드레아도 이제 건조하고
울적한 일상으로 돌아가겠지.
오래전부터
이 순간을 기다렸어요.
이제 패션에 대한 생각은
충분히 한 것 같아요.

다시 만나서 정말 반가운걸!
마침내 나와 로즈는 패션을 내려놓기로 했다네.
우리가 그동안 패션을 너무 과대평가한 것 같아.
그렇지, 로즈?
커피에 설탕 넣을까요, 폐하?

긴급 속보입니다.
온 나라가 마비되었습니다.
사람들의 목숨을 앗아갈 만큼 치명적인 바이러스로 전 국민이 공포에 떨고 있습니다.
정부는 바이러스 확산을 막기 위해 강력한 정책을 펼치고 있는데요.
바이러스로 인해 우리의 삶도
전 세계도 멈췄습니다.
FLASH
NEWS
FLASH : VIRUS TUEUR DANS LA VILLE
사망자가 기하급수로 늘어나고 있습니다.
될 수 있으면 접촉을 피하고 아무것도 만지지 마세요.
그리고 슬리퍼에 양말을 신는 패션이 되돌아왔습니다.
온 세상이 혼돈에 빠졌습니다!

글·그림 **조에 투롱**ZOÉ THOURON
저서 목록
- *JACKY CHAT LE CHAT*, 피에르 플로 함께 그림, Chours, 2020.
- *LE BURN OUT*, 다니엘 리나르 지음, Le Lombard, 2019.
- *LES IMPROBABLOLOGIES*, 막스 레스메니에 지음, 피에르 바르텔레미 원작, Jungle/Dunod, 2018.
- *HIGHWAY TO LOVE*, 장 쇼벨로 지음, Casterman, 2017.
- *FLORANGE, UNE LUTTE D'AUJOURD'HUI*, 트리스탕 틸 지음, Dargaud, 2014.

글 **프레데리크 고다르**FRÉDÉRIC GODART
저서 목록
- *SOCIOLOGIE DE LA MODE*, La Découverte, 2016.
- *UNVEILING FASHION: BUSINESS, CULTURE, AND IDENTITY IN THE MOST GLAMOROUS INDUSTRY*, Palgrave Macmillan, 2012.
- *PENSER LA MODE*, IFM/Regard, 2011.

옮긴이 **이진희**
한국외국어대학교 프랑스어과, 동 대학교 통번역대학원 한불과, 호주 뉴사우스 웨일스대학교(UNSW) 통번역 석사과정을 졸업했습니다. 출판번역가 모임 '바른번역'의 번역가로 활동하고 있습니다. 옮긴 책으로는 미셸 푸코의《감옥의 대안》, 에밀 졸라의《에밀 졸라의 진실》, 샤를로트 푸생의〈몬테소리 기적의 육아〉 시리즈 등이 있습니다.

오랜 시간 응원을 보내 준 나탈리와 이 이야기를 끝까지 쓸 수 있게
도와준 나의 오른팔 조에 투롱에게 고마움을 전합니다.